中国特色企业新型学徒制培训教材

Zhongguo Tese Qiye Xinxing Xuetuzhi Peixun Jiaocai

安全生产

（第二版）

人力资源社会保障部教材办公室　组织编写

中国特色企业新型学徒制培训教材编审委员会

主　任：刘　康　张　斌　韩智力

副主任：王晓君　葛　玮

委　员：杨　奕　项声闻　赵　欢　张晓燕　郑丽媛　邓小龙

本书编审人员

主　编：李云涛

副主编：杨彦娟

参　编：张长泊　郭　娜　杨卫东　张　岩　王　东

主　审：张百岐

中国劳动社会保障出版社

内容简介

本书是中国特色企业新型学徒制培训教材通用素质课程教材中的一种,主要内容包括安全生产基础知识、常见风险防范、现场作业安全、消防与用电安全、个体防护装备及劳动环境保护、职业健康与安全、应急处置与应急救援。

本书适用于各类企业与职业院校、职业培训机构、企业培训中心等教育培训机构开展中国特色企业新型学徒制培训,也适用于企业岗位技能培训和就业技能培训。

图书在版编目(CIP)数据

安全生产 / 人力资源社会保障部教材办公室组织编写. -- 2 版. -- 北京:中国劳动社会保障出版社,2022

中国特色企业新型学徒制培训教材

ISBN 978-7-5167-5503-7

Ⅰ.①安… Ⅱ.①人… Ⅲ.①企业安全-安全生产-教材 Ⅳ.①X931

中国版本图书馆 CIP 数据核字(2022)第 147034 号

中国劳动社会保障出版社出版发行

(北京市惠新东街1号 邮政编码:100029)

*

北京市白帆印务有限公司印刷装订 新华书店经销

787 毫米 × 1092 毫米 16 开本 9.25 印张 150 千字

2022 年 10 月第 2 版 2024 年 9 月第 3 次印刷

定价:28.00 元

营销中心电话:400-606-6496

出版社网址:http://www.class.com.cn

版权专有 侵权必究

如有印装差错,请与本社联系调换:(010)81211666

我社将与版权执法机关配合,大力打击盗印、销售和使用盗版图书活动,敬请广大读者协助举报,经查实将给予举报者奖励。

举报电话:(010)64954652

前　言

为贯彻《关于加强新时代高技能人才队伍建设的意见》文件精神，落实《关于全面推行中国特色企业新型学徒制　加强技能人才培养的指导意见》（人社部发〔2021〕39号）有关要求，适应规范化、标准化、制度化开展企业新型学徒制培训对教材的需求，建立完善适应新时代企业新型学徒制培训需求的高质量教学资源体系，人力资源社会保障部教材办公室组织有关行业、企业、院校和培训机构的专家编写了中国特色企业新型学徒制培训教材。

中国特色企业新型学徒制培训教材依据国家职业技能标准、职业培训课程规范等进行开发。以培养劳模精神、劳动精神、工匠精神为引领，主动对接学徒生产实际，强化职业道德、职业素养及职业能力培养，积极适应产业变革、技术变革、组织变革和企业技术创新等需求。以工作过程、学习行动、问题解决为导向，有机融合理论培训与实践培训内容，贴近学徒实际水平、贴近企业实际需要、贴近岗位工作现场。

中国特色企业新型学徒制培训教材包括通用素质课程教材和专业基础课程教材两类。其中，通用素质课程教材注重对学徒综合素质和可迁移技能的培养，促进其具备良好职业道德、职业素养及职业能力，能够安全胜任岗位工作；专业基础课程教材注重对学徒专业基础知识和基本技能的培养，促进其适应有关职业（工种）技能的学习。

首批开发的中国特色企业新型学徒制培训教材依据通用素质课程培训大纲、机械类专业基础课程培训大纲、电工电子类专业基础课程培训大纲、汽车类专业基础课程培训大纲编写，具体包括《劳模精神　劳动精神　工匠精神》等9种通用素质课程教材，以及机械类、电工电子类、汽车类等专业大类的10种专业基础课程教材。

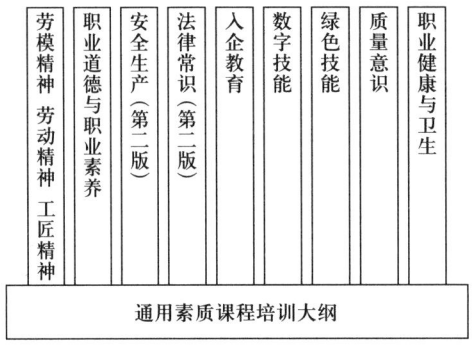

通用素质课程教材体系

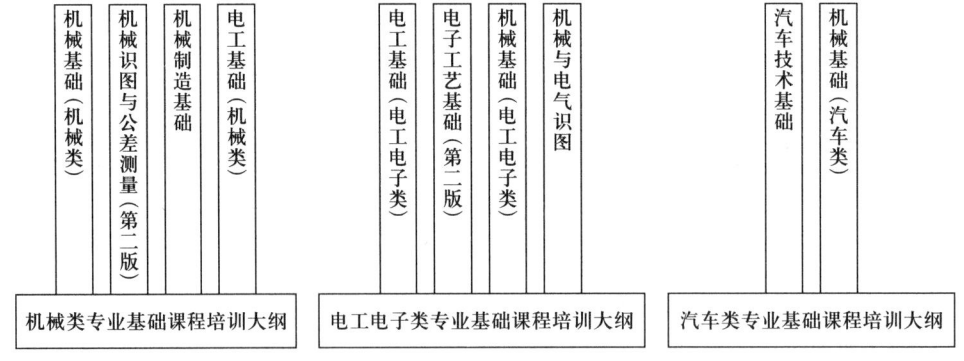

专业基础课程教材体系

本教材是开展中国特色企业新型学徒制培训的重要教学资源。主体读者对象为参加企业新型学徒制培训人员，也适用于企业岗位技能培训和就业技能培训人员。

本教材由李云涛担任主编、杨彦娟担任副主编并负责统稿，张百岐负责审核工作。本教材第1、2章由李云涛、张岩编写，第3章由杨彦娟、杨卫东编写，第4章由李云涛、张长泊编写，第5、6章由杨彦娟、郭娜编写，第7章由张长泊、王东编写。本教材在开发过程中得到了北京、内蒙古、辽宁、浙江、山东、河南、广东、重庆、陕西等地人力资源社会保障厅（局）及宁夏职业技术学院、山东晋控明水化工集团有限公司的大力支持与协助，在此一并表示衷心的感谢。欢迎读者对完善本教材提出宝贵意见。

人力资源社会保障部教材办公室

目录

第1章
安全生产基础知识 /001

1.1 安全生产法律法规知识 /001
  1.1.1 安全生产法律法规体系 /001
  1.1.2 常用安全生产相关法律法规 /003
1.2 安全生产管理基础知识 /007
  1.2.1 安全生产基础知识 /007
  1.2.2 现代安全生产管理理论 /012
  1.2.3 安全教育培训 /015
即学即用 /019

第2章
常见风险防范 /020

2.1 主要安全标志识别 /020
  2.1.1 安全色 /020
  2.1.2 安全标志 /021
2.2 危险源识别 /023
  2.2.1 危险源及识别方法 /023
  2.2.2 作业现场隐患排查 /025
2.3 防范危险的经验与常见措施 /028
  2.3.1 防范危险的经验 /028
  2.3.2 防范危险的常见措施 /029
即学即用 /031

第3章
现场作业安全 /032

3.1 5S与安全 /032
  3.1.1 整理与安全 /034
  3.1.2 整顿与安全 /039

3.1.3 清扫与安全 /045
   3.1.4 清洁与安全 /050
   3.1.5 素养与安全 /051
 3.2 安全风险评估 /056
 3.3 常见作业安全 /057
   3.3.1 动火作业安全 /057
   3.3.2 焊接作业安全 /062
   3.3.3 高处作业安全 /063
   3.3.4 吊装作业安全 /066
   3.3.5 受限空间作业安全 /067
   3.3.6 电气作业安全 /068
   3.3.7 临时用电作业安全 /071
   3.3.8 动土作业安全 /073
 即学即用 /074

第 4 章
消防与用电安全 /076

 4.1 消防安全 /076
   4.1.1 消防安全管理 /076
   4.1.2 火灾的预防、识别、扑救、逃生 /080
 4.2 用电安全 /088
   4.2.1 触电伤害 /088
   4.2.2 触电事故的类型 /089
   4.2.3 特低电压 /091
   4.2.4 用电颜色常识 /092
   4.2.5 个人用电防护 /093
   4.2.6 电气设备防护 /095
 即学即用 /100

第 5 章
个体防护装备及劳动环境保护 /101

 5.1 个体防护装备 /101
   5.1.1 个体防护装备的种类 /101
   5.1.2 个体防护装备的使用 /103

　　　　5.1.3　个体防护装备的发放 /104
　　　　5.1.4　个体防护装备的管理 /105
　　5.2　职业安全卫生防护与劳动环境防护 /107
　　　　5.2.1　职业安全卫生防护 /107
　　　　5.2.2　劳动环境防护 /108
　　即学即用 /114

第 6 章
职业健康与安全 /115

　　6.1　职业病的定义及危害因素 /115
　　6.2　常见职业病种类 /119
　　6.3　职业病的防护 /121
　　即学即用 /125

第 7 章
应急处置与应急救援 /126

　　7.1　事故现场应急处置的基本原则与步骤 /126
　　　　7.1.1　事故现场应急处置的基本原则 /126
　　　　7.1.2　事故现场应急处置步骤 /127
　　7.2　常见事故现场应急处置 /127
　　　　7.2.1　火场逃生 /127
　　　　7.2.2　触电事故现场应急处置 /129
　　　　7.2.3　机械伤害现场应急处置 /131
　　　　7.2.4　化学危险品事故现场应急处置 /131
　　　　7.2.5　燃气事故现场应急处置 /132
　　7.3　自救、互救与创伤急救的基本方法 /133
　　　　7.3.1　自救 /133
　　　　7.3.2　互救 /133
　　　　7.3.3　创伤急救的基本方法 /134
　　即学即用 /139

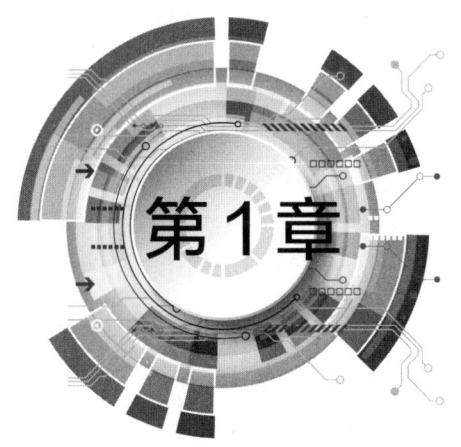

第1章 安全生产基础知识

安全生产是我国一项长期坚持的重要政策。对员工来说，它保护劳动者的基本安全与健康；对社会来说，它保护国家与企业财产，促进社会稳定和生产力的发展。员工进入企业后，首先应了解国家法律法规对安全生产的相关规定以保障自己的合法权益，其次知道企业和个人在安全生产方面的相关权利与义务，最后熟知自己岗位的安全生产职责和要求。对特殊工作岗位，企业要加强安全培训；需要考试的，员工要根据规定先通过考试，取得相应证件，然后持证上岗。

1.1 安全生产法律法规知识

从广义上讲，法律是国家按照统治阶级的利益和意志制定或者认可的，并由国家强制力保证其实施的行为规范的总和。而狭义上的法，是指包括宪法、法律、行政法规、地方性法规、行政规章等各种成文法和不成文法在内的具体法律规范。

1.1.1 安全生产法律法规体系

我国安全生产法律法规体系，是指我国全部现行的、不同的安全生产法律规范形成的有机联系的统一整体，是国家法律法规体系的一部分。按照其法律地位和法律效力的层级划分为安全生产法律、安全生产法规、安全生产规章以及安全生产标准。

1. 安全生产法律

安全生产法律特指由全国人民代表大会及其常务委员会依照一定的立法程序制定和颁布的规范性文件。我国有关安全生产的法律：以《中华人民共和国安全生产法》为代表的基础法律，以《中华人民共和国矿山安全法》《中华人民共和国消防法》《中华人民共和国特种设备安全法》为代表的专门法律，此外还有以《中华人民共和国劳动法》《中华人民共和国煤炭法》《中华人民共和国矿产资源法》等为代表的相关法律，还有与安全生产监督执法工作有关的法律，如《中华人民共和国刑法》《中华人民共和国行政处罚法》《中华人民共和国行政复议法》《中华人民共和国标准化法》等。

2. 安全生产法规

我国现行的法规分行政法规和地方法规两种。

安全生产行政法规是由国务院组织制定并批准公布的，是为实施安全生产法律或规范安全生产监督管理制度而制定并颁布的一系列具体规定。安全生产的行政法规有《国务院关于预防煤矿生产安全事故的特别规定》《煤矿安全监察条例》《烟花爆竹安全管理条例》《生产安全事故报告和调查处理条例》《安全生产许可证条例》等。

安全生产地方法规是指由有立法权的地方权力机关——人民代表大会及其常务委员会依照法定职权和程序制定和颁布的、施行于该行政区域的规范性文件。各省人民代表大会及其常务委员会通过的安全生产条例等有关国家法律法规的实施办法、条例等均属于安全生产地方法规。

3. 安全生产规章

安全生产规章是指国务院的部委、委员会和直属机构依照法律、行政法规或者国务院授权制定的在全国范围内实施安全生产行政管理的规范性文件，如《防治煤与瓦斯突出细则》《煤矿防治水细则》《煤矿安全规程》《安全生产监管监察职责和行政执法责任追究的暂行规定》《工作场所职业卫生监督管理规定》《职业病危害项目申报办法》《生产安全事故信息报告和处置办法》《生产安全事故应急预案管理办法》《安全生产违法行为行政处罚办法》《安全生产事故隐患排查治理暂行规定》等。

4. 安全生产标准

安全生产标准是围绕如何消除、限制或预防劳动过程中的危险和有害因素，保护职工安全与健康，保障设备、生产正常运行而制定的统一规定。根据《中华人民共和国标准化法》（以下简称《标准化法》）的规定，标准的层次依次为国家标准、行业标准、地方标准、企业标准；国家标准、行业标准又分为强制性标准和推荐性标准。按照《标准化法》的要求，安全生产方面的标准是为了保障人体健康，人身、财产安全的标准属于强制性标准，必须贯彻实施。其他标准属于推荐性标准，这些标准是法律、法规和行政规章的技术性补充规范。

1.1.2 常用安全生产相关法律法规

1.《中华人民共和国安全生产法》

为了加强安全生产工作，防止和减少生产安全事故，保障人民群众生命和财产安全，促进经济社会持续健康发展，制定《中华人民共和国安全生产法》。该法共7章119条，包括总则、生产经营单位的安全生产保障、从业人员的安全生产权利义务、安全生产的监督管理、生产安全事故的应急救援与调查处理、法律责任和附则等内容。该法主要规定的内容如下：

（1）生产经营单位的主要负责人是本单位安全生产第一责任人，对本单位的安全生产工作全面负责。其他负责人对职责范围内的安全生产工作负责。

（2）生产经营单位的从业人员有依法获得安全生产保障的权利，并应当依法履行安全生产方面的义务。

（3）县级以上地方各级人民政府应急管理部门依照本法，对本行政区域内安全生产工作实施综合监督管理。

（4）有关协会组织为生产经营单位提供安全生产方面的信息、培训等服务，发挥自律作用，促进生产经营单位加强安全生产管理。

（5）工会依法对安全生产工作进行监督。

2.《中华人民共和国职业病防治法》

为了预防、控制和消除职业病危害，防治职业病，保护劳动者健康及其相关权益，促进经济社会发展，制定《中华人民共和国职业病防治法》。该法共 7 章 88 条，包括总则、前期预防、劳动过程中的防护与管理、职业病诊断与职业病病人保障、监督检查、法律责任及附则。该法主要规定的内容如下：

（1）职业病防治工作坚持预防为主、防治结合的方针，建立用人单位负责、行政机关监管、行业自律、职工参与和社会监督的机制，实行分类管理、综合治理。

（2）劳动者依法享有职业卫生保护的权利。用人单位应当为劳动者创造符合国家职业卫生标准和卫生要求的工作环境和条件，并采取措施保障劳动者获得职业卫生保护。

（3）用人单位应当建立、健全职业病防治责任制，加强对职业病防治的管理，提高职业病防治水平，对本单位产生的职业病危害承担责任。

（4）国家实行职业卫生监督制度。

（5）安全生产监督管理部门履行监督检查职责时，有权采取相关措施。

3.《中华人民共和国消防法》

《中华人民共和国消防法》的制定是为了预防火灾和减少火灾危害，加强应急救援工作，保护人身、财产安全，维护公共安全。《中华人民共和国消防法》共 7 章 74 条，包括总则、火灾预防、消防组织、灭火救援、监督检查、法律责任及附则。该法主要规定的内容如下：

（1）消防工作贯彻预防为主、防消结合的方针，按照政府统一领导、部门依法监管、单位全面负责、公民积极参与的原则，实行消防安全责任制，建立健全社会化的消防工作网络。

（2）县级以上人民政府有关部门在各自的职责范围内，依照本法和其他相关法律、法规的规定做好消防工作。

（3）任何单位和个人都有维护消防安全、保护消防设施、预防火灾、报告火警的义务。任何单位和成年人都有参加有组织的灭火工作的义务。

（4）对应当积极开展消防宣传教育工作的相关部门和单位做了详细规定。

4.《中华人民共和国特种设备安全法》

为了加强特种设备安全工作，预防特种设备事故，保障人身和财产安全，促进经济社会发展，制定《中华人民共和国特种设备安全法》。该法共 7 章 101 条，包括总则，生产、经营、使用，检验、检测，监督管理，事故应急救援与调查处理，法律责任及附则。该法主要规定的内容如下：

（1）特种设备是指对人身和财产安全有较大危险性的锅炉、压力容器（含气瓶）、压力管道、电梯、起重机械、客运索道、大型游乐设施、场（厂）内专用机动车辆，以及法律、行政法规规定适用本法的其他特种设备。

（2）特种设备安全工作应当坚持安全第一、预防为主、节能环保、综合治理的原则。

（3）国家对特种设备的生产、经营、使用，实施分类的、全过程的安全监督管理。

（4）特种设备生产、经营、使用、检验、检测应当遵守有关特种设备安全技术规范及相关标准。特种设备安全技术规范由国务院负责特种设备安全监督管理的部门制定。

（5）特种设备生产、经营、使用单位及其主要负责人对其生产、经营、使用的特种设备安全负责。

（6）特种设备安全管理人员、检测人员和作业人员应当按照国家有关规定取得相应资格，方可从事相关工作。特种设备安全管理人员、检测人员和作业人员应当严格执行安全技术规范和管理制度，保证特种设备安全。

（7）任何单位和个人有权向负责特种设备安全监督管理的部门和有关部门举报涉及特种设备安全的违法行为，接到举报的部门应当及时处理。

5.《中华人民共和国突发事件应对法》

为了预防和减少突发事件的发生，控制、减轻和消除突发事件引起的严重社会危害，规范突发事件应对活动，保护人民生命财产安全，维护国家安全、公共安全、环境安全和社会秩序，制定《中华人民共和国突发事件应对法》。该法共有 7 章 70 条，包括总则、预防与应急准备、监测与预警、应急处置与救援、事后恢复与重建、法律责任及附则。该法主要规定的内容如下：

（1）突发事件发生后，发生地县级人民政府应当立即采取措施控制事态发展，组织开展应急救援和处置工作，并立即向上一级人民政府报告，必要时可以越级上报。

突发事件发生地县级人民政府不能消除或者不能有效控制突发事件引起的严重社会危害的，应当及时向上级人民政府报告。上级人民政府应当及时采取措施，统一领导应急处置工作。

（2）所有单位应当建立健全安全管理制度，定期检查本单位各项安全防范措施的落实情况，及时消除事故隐患；掌握并及时处理本单位存在的可能引发社会安全事件的问题，防止矛盾激化和事态扩大；对本单位可能发生的突发事件和采取安全防范措施的情况，应当按照规定及时向所在地人民政府或者人民政府有关部门报告。

（3）矿山、建筑施工单位和易燃易爆物品、危险化学品、放射性物品等危险物品的生产、经营、储运、使用单位，应当制定具体应急预案，并对生产经营场所、有危险物品的建筑物、构筑物及周边环境开展隐患排查，及时采取措施消除隐患，防止发生突发事件。

（4）公共交通工具、公共场所和其他人员密集场所的经营单位或者管理单位应当制定具体应急预案，为交通工具和有关场所配备报警装置和必要的应急救援设备、设施，注明其使用方法，并显著标明安全撤离的通道、路线，保证安全通道、出口的畅通。

（5）有关单位应当定期检测、维护其报警装置和应急救援设备、设施，使其处于良好状态，确保正常使用。

（6）县级人民政府及其有关部门、乡级人民政府、街道办事处应当组织开展应急知识的宣传普及活动和必要的应急演练。

（7）获悉突发事件信息的公民、法人或者其他组织，应当立即向所在地人民政府、有关主管部门或者指定的专业机构报告。

6.《生产安全事故报告和调查处理条例》

为了规范生产安全事故的报告和调查处理，落实生产安全事故责任追究制度，防止和减少生产安全事故发生，制定《生产安全事故报告和调查处理条例》。该条例共 6 章 46 条，包括总则、事故报告、事故调查、事故处理、法律责任及附则。该条例主要规定的内容如下：

（1）事故发生后，事故现场有关人员应当立即向本单位负责人报告；单位负责人接到报告后，应当于 1 小时内向事故发生地县级以上人民政府安全生产监督管理部门和负有安全生产监督管理职责的有关部门报告。情况紧急时，事故现场有关人员可以直接向事故发生地县级以上人民政府安全生产监督管理部门和负有安全生产监督管理职责的有关部门报告。

（2）事故报告应当及时、准确、完整，任何单位和个人对事故不得迟报、漏报、谎报或者瞒报。

（3）报告的内容应包括：事故发生单位概况，事故发生的时间、地点及事故现场情况，事故的简要经过，事故已经造成或者可能造成的伤亡人数等。

（4）事故报告后出现新情况的，应当及时补报。

（5）安全生产监督管理部门和负有安全生产监督管理职责的有关部门逐级上报事故情况，每级上报的时间不得超过 2 小时。

1.2　安全生产管理基础知识

1.2.1　安全生产基础知识

1. 基本概念

（1）安全

"无危则安，无损则全。"但是任何生产、生活过程都存在一定的危险性，当危险性低于某种程度时，人们就认为是安全的。

安全是指在生产、生活系统中，能将人员伤亡或财产损失的概率和严重度控制在可接受水平之下的状态。

（2）危险

危险是安全的对立状态，是指系统中存在导致发生不期望后果的可能性超过了人们的承受程度。危险必须指明具体对象，如危险环境、危险条件、危险状态、危险物质、危险场所、危险人员、危险因素等。

安全和危险相伴存在。安全是相对的，危险是绝对的。没有任何系统是绝对安全的。不论我们的认识多么深刻，技术多么先进，设施多么完善，危险始终不会消失。

（3）风险

风险也是安全的对立状态。风险强调系统的不安定性、不确定性。与危险相比，风险的内涵更加宽泛。风险取决于事故发生的可能性和严重性。对于事故发生可能性和严重性都很大的，属于必须重点控制的风险。

（4）事故

广义上的事故，是指可能带来损失或损伤的一切意外事件，在生活的各个方面都可能发生事故。狭义上的事故，是指在工程建设、工业生产、交通运输等社会经济活动中发生的可能带来物质损失和人身伤害的意外事件。

通常，我们把事故定义为造成伤亡、疾病、伤害、损坏或其他损失的意外情况。事故的破坏作用主要表现在3个方面：对人的生命与健康造成损害；对社会、企业、家庭的财产造成损失；对环境造成破坏。后果非常轻微或未导致不期望后果的事故称为"险肇事故"或"未遂事故"。

2. 从业人员的权利和义务

《中华人民共和国安全生产法》（以下简称安全生产法）不但赋予了从业人员安全生产权利，也设定了相应的法定义务。作为法律关系内容的权利与义务是对等的，从业人员依法享有权利，同时必须承担相应的法律义务。

安全生产法对从业人员的安全生产权利、义务做了比较全面、明确的规定，设定了严格的法律责任，并在保证从业人员权利上明确规定，生产经营单位不得因从业人员维护自己的权益而降低其工资、福利等待遇或者解除与其订立的劳动合同。这为保障从业人员的合法权益提供了法律依据。

（1）从业人员的权利

1）获得安全保障、工伤保险和民事赔偿的权利。安全生产法明确赋予了从业人员享有工伤保险和获得伤亡赔偿的权利，同时规定了生产经营单位相关义务。安全生产法第五十二条规定："生产经营单位与从业人员订立的劳动合同，应当载明有关保障从业人员劳动安全、防止职业危害的事项，以及依法为从业人员办理工伤保险的事项。生产经营单位不得以任何形式与从业人员订立协议，免除或者减轻其对从业人员因生产安全事故伤亡依法应承担的责任。"第五十六条规定："生产经营单位发生生产安全事故后，应当及时采取措施救治有关人员。因生产安全事故受到损害的从业人员，除依法享有工伤保险外，依照有关民事法律尚有获得赔偿的权利的，有权提出赔偿要求。"

2）了解危险因素、防范措施和事故应急措施的权利。安全生产法第五十三条规定："生产经营单位的从业人员有权了解其作业场所和工作岗位存在的危险因素、防范措施及事故应急措施，有权对本单位的安全生产工作提出建议。"要保证从业人员这项权利的行使，生产经营单位就有义务事前告知有关危险有害因素和事故应急措施。否则，生产经营单位就侵犯了从业人员的权利，并对由此产生的后果承担相应的法律责任。

3）对本单位安全生产的批评、检举、控告的权利。从业人员是生产经营单位的主人，他们对安全生产情况和事故隐患最为了解、最熟悉，具有他人不能替代的作用。只有依靠他们并且赋予必要的安全生产监督权和自我保护权，才能做到预防为主、防患于未然。为此安全生产法第五十四条规定："从业人员有权对本单位安全生产工作中存在的问题提出批评、检举、控告；有权拒绝违章指挥和强令冒险作业。"

4）拒绝违章指挥和强令冒险作业的权利。违章指挥是指用人单位的有关管理人员违反安全生产的法律法规和有关安全规程、规章制度的规定，指挥从业人员进行作业的行为。强令冒险作业是指用人单位的有关管理人员，明知开始或继续作业可能会有重大危险，仍然强迫从业人员进行作业的行为。违章指挥、强令冒险作业违背了"安全第一"的方针，侵犯了从业人员的合法权益，从业人员有权拒绝。

5）紧急情况下停止作业和撤离避险的权利。安全生产法第五十五条规定："从业人员发现直接危及人身安全的紧急情况时，有权停止作业或者在采取可能的应急措施后撤离作业场所。"

（2）从业人员的义务

没有无权利的义务，也没有无义务的权利。从业人员依法享有权利，同时必须承担相应的法定义务和法律责任。

1）遵章守规、服从管理的义务与正确佩戴和使用个体防护装备的义务。安全生产法第五十七条规定：从业人员在作业过程中，应当严格落实岗位安全责任，遵守本单位的安全生产规章制度和操作规程，服从管理，正确佩戴和使用个体防护装备。生产经营单位的从业人员不服从管理，违反安全生产规章制度和操作规程的，由生产经营单位给予批评教育，依照有关规章制度给予处分；造成重大事故、构成犯罪的，依照刑法有关规定追究刑事责任。正确佩戴和使用个体防护装备是从业人员必须履行的法定义务，这是保障从业人员人身安全和生产经营单位安全生产的需要。从业人员不履行该项义务而造成人身伤害的，生产经营单位不承担法律责任。

2）接受安全生产教育培训，掌握安全生产技能的义务。安全生产法第五十八条规定："从业人员应当接受安全生产教育和培训，掌握本职工作所需的安全生产知识，提高安全生产技能，增强事故预防和应急处理能力。"这对提高生产经营单位从业人员的安全意识、安全技能，预防、减少事故发生和人员伤亡，具有积极意义。

3）发现事故隐患或者其他不安全因素及时报告的义务。安全生产法第五十九条规定："从业人员发现事故隐患或者其他不安全因素，应当立即向现场安全生产管理人员或者本单位负责人报告；接到报告的人员应当及时予以处理。"这就要求从业人员必须具有高度的责任心，防微杜渐，防患于未然，及时发现事故隐患和不安全因素，预防事故发生。

3. 生产安全事故的分类和分级

（1）生产安全事故分类

根据《企业职工伤亡事故分类》（GB 6441—1986），综合考虑起因物、引起事故的诱导性原因、致害物、伤害方式等，将企业工伤事故分为20类，分别为物体打击、车辆伤害、机械伤害、起重伤害、触电、淹溺、灼烫、火灾、高处坠落、坍塌、冒顶片帮、透水、爆破、火药爆炸、瓦斯爆炸、锅炉爆炸、压力容器爆炸、其他爆炸、中毒和窒息及其他伤害等，详见表1-1。

表1-1 企业职工伤亡事故分类表

序号	事故类别名称	说明
1	物体打击	指物体在重力或其他外力的作用下产生运动，打击人体造成人身伤亡事故，包括落物、滚石、锤击、碎裂、崩块、砸伤，不包括因机械设备、车辆、起重机械、坍塌、爆炸等引起的物体打击
2	车辆伤害	指企业机动车辆在行驶中引起的人体坠落和物体倒塌、下落、挤压伤亡事故，包括挤、压、撞、颠覆等，不包括起重设备提升、牵引车辆和车辆停驶时发生的事故
3	机械伤害	指机械设备运动（静止）部件、工具、加工件直接与人体接触引起的夹击、碰撞、剪切、卷入、绞、碾、割、刺等伤害，不包括车辆、起重机械引起的机械伤害
4	起重伤害	指各种起重作业（包括起重机安装、检修、试验）中发生的挤压、坠落（吊具、吊重）、物体打击和触电
5	触电	指电流流过人体或人与带电体间发生放电引起的伤害，包括雷击
6	淹溺	指各种作业中落水及非矿山透水引起的溺水伤害
7	灼烫	指火焰烧伤、高温物体烫伤、化学灼伤（酸、碱、盐、有机物引起的体内外灼伤）、物理灼伤（光、放射性物质引起的体内外灼伤）、射线引起的皮肤损伤等，不包括电烧伤及火灾事故引起的烧伤
8	火灾	指造成人员伤亡的企业火灾事故
9	高处坠落	指在高处作业中发生坠落造成的伤亡事故，包括由高处落地和由平地落入地坑，不包括触电坠落事故
10	坍塌	指建筑物、构筑物、堆置物倒塌及土石塌方引起的事故，不包括矿山冒顶片帮和车辆、起重机械、爆炸、爆破引起的坍塌事故
11	冒顶片帮	指矿山开采、掘进及其他坑道作业发生的顶板冒落、侧壁垮塌
12	透水	指矿山开采及其他坑道作业时因涌水造成的伤害
13	爆破	指由爆破作业引起的事故，包括因爆破引起的中毒
14	火药爆炸	指火药、炸药及其制品在生产、加工、运输、储存中发生的爆炸事故
15	瓦斯爆炸	包括瓦斯、煤尘与空气混合形成的混合物的爆炸
16	锅炉爆炸	指工作压力在0.07 MPa以上、以水为介质的蒸汽锅炉的爆炸
17	压力容器爆炸	包括物理爆炸和化学爆炸
18	其他爆炸	指可燃性气体、蒸气、粉尘等与空气混合形成的爆炸性混合物的爆炸，以及炉膛、钢水包、亚麻粉尘的爆炸等
19	中毒和窒息	指职业性毒物进入人体引起的急性中毒、缺氧窒息、中毒性窒息伤害
20	其他伤害	上述范围之外的伤害事故，例如冻伤、扭伤、摔伤、野兽咬伤等

（2）生产安全事故分级

《生产安全事故报告和调查处理条例》将生产安全事故定义为生产经营活动中发生的造成人身伤亡或者直接经济损失的事件。根据生产安全事故造成的人员伤亡或者直接经济损失，事故一般分为以下等级：

1）特别重大事故，是指造成 30 人以上死亡，或者 100 人以上（含 100 人）重伤（包括急性工业中毒，下同），或者 1 亿元以上直接经济损失的事故；

2）重大事故，是指造成 10 人以上 30 人以下死亡，或者 50 人以上（含 50 人）100 人以下重伤，或者 5 000 万元以上 1 亿元以下直接经济损失的事故；

3）较大事故，是指造成 3 人以上 10 人以下死亡，或者 10 人以上（含 10 人）50 人以下重伤，或者 1 000 万元以上 5 000 万元以下直接经济损失的事故；

4）一般事故，是指造成 3 人以下死亡，或者 10 人以下重伤，或者 1 000 万元以下直接经济损失的事故。

1.2.2 现代安全生产管理理论

1. 事故因果连锁理论

海因里希事故因果连锁理论又称海因里希模型或多米诺骨牌理论。美国安全工程师海因里希认为，伤亡事故的发生不是一个孤立的事件，尽管伤害可能在某瞬间突然发生，却是一系列事件相继发生的结果。就像多米诺骨牌一样，如果一块骨牌倒下，则将发生连锁反应，使后面的骨牌依次倒下。海因里希模型这 5 块骨牌依次如下：

（1）遗传及社会环境

遗传因素可能使人具有鲁莽、固执、粗心等不良性格；社会环境可能妨碍教育，助长不良性格的发展。这是事故因果链上最基本的因素。

（2）人的缺点

人的缺点是由遗传和社会环境因素所造成的，是使人产生不安全行为或使物产生不安全状态的主要原因。

（3）人的不安全行为和物的不安全状态

所谓人的不安全行为或物的不安全状态是指那些曾经引起过事故，或可能引起事故的人的行为，或机械、物质的状态，它们是造成事故的直接原因。例如，在起重机的吊荷下停留、不发信号就启动机器、工作时间打闹或拆除安全防护装置等都属于人的不安全行为；没有防护的传动齿轮、裸露的带电体或照明不良等属于物的不安全状态。

（4）事故

事故即由物体、物质或放射线等对人体发生作用受到伤害的、出乎意料的、失去控制的事件。例如，坠落、物体打击等使人受到伤害的事件是典型的事故。

（5）伤害

直接由于事故而产生的人身伤害。

在多米诺骨牌中，一颗骨牌被碰倒了，则将发生连锁反应，其余的几颗骨牌相继被碰倒；如果移去中间的一颗骨牌，则连锁被破坏，后续骨牌将不再倒下。海因里希认为，企业安全工作的中心就是防止人的不安全行为，消除机械的或物质的不安全状态，中断事故连锁的进程而避免事故的发生，如图1-1所示。

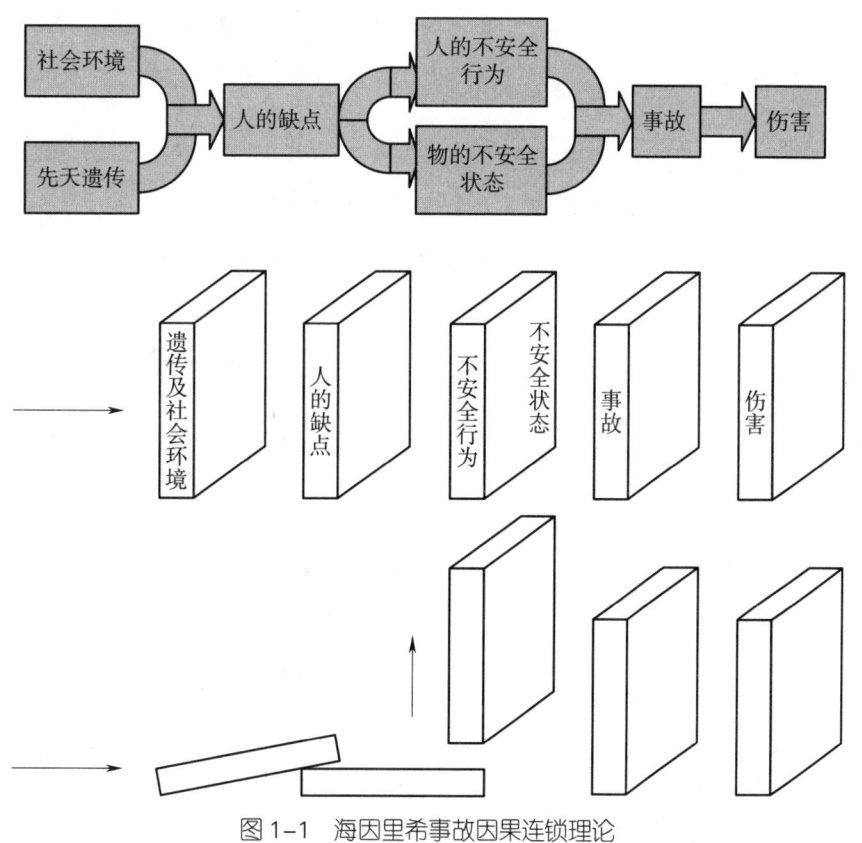

图1-1　海因里希事故因果连锁理论

1941年，海因里希统计了55万件机械事故中死亡、重伤、轻伤、无伤害事故，得出在机械事故中，伤亡、轻伤、不安全行为的比例为1∶29∶300，称为海因里希法则，也称为事故法则，如图1-2所示。这个法则说明，在机械生产过程中，每发生330起意外事件，有300件未产生人员伤害，29件造成人员轻伤，1件导致重伤或死亡。对于不同的生产过程，不同类型的事故，上述比例关系不一定完全相同，但这个统计规律说明了在进行同一项活动中，无数次意外事件，必然导致重大伤亡事故的发生。

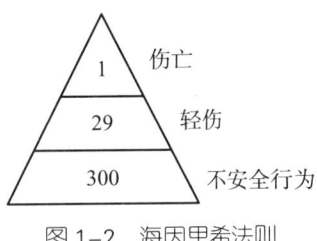

图1-2 海因里希法则

2. 能量意外释放理论

1961年吉布森提出了事故是一种不正常的或不希望的能量释放，意外释放的各种形式的能量是构成伤害的直接原因。因此，应该通过控制能量，或控制作为能量达及人体媒介的能量载体来预防伤害事故。

在吉布森的研究基础上，1966年美国运输部安全局局长哈登完善了能量意外释放理论。他认为"人受伤害的原因只能是某种能量的转移"，并将伤害分为两类：第一类伤害是由于施加了局部或全身性损伤阈值的能量引起的；第二类伤害是由影响了局部或全身性能量交换引起的，主要指中毒窒息和冻伤。

能量能否产生伤害、造成人员伤亡事故，取决于能量大小、接触能量时间长短和频率以及能量的集中程度。根据能量意外释放理论，可以利用各种屏蔽来防止意外的能量转移，从而防止事故的发生。能量意外释放理论原理如图1-3所示。

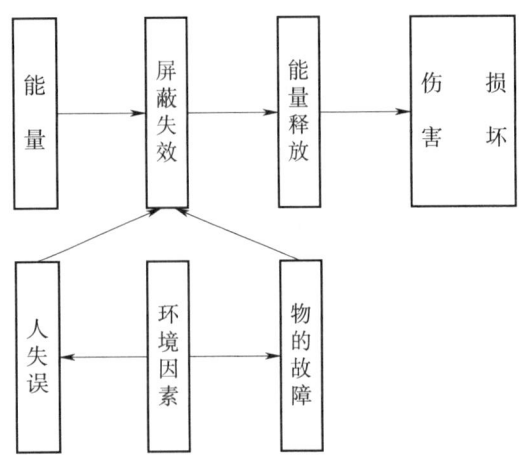

图1-3 能量意外释放理论示意图

从能量意外释放理论出发，预防伤害事故就是防止能量或危险物质的意外释放，防止人体与过量的能量或危险物质接触。在工业生产中经常采用的防止能量意外释放的屏蔽措施如下：

（1）用安全的能源代替不安全的能源；

（2）限制能量；

（3）防止能量蓄积；

（4）控制能量释放；

（5）延缓释放能量；

（6）开辟释放能量的渠道；

（7）设置屏蔽设施；

（8）在人、物与能源之间设置屏障，在时间或空间上把能量与人隔离；

（9）提高防护标准；

（10）改变工艺流程；

（11）修复或急救。

1.2.3 安全教育培训

1. 安全教育培训的基本要求

安全生产法对安全生产教育培训做了明确要求，规定生产经营单位的主要负责人应组织制订并实施本单位安全生产教育和培训计划，应当对从业人员进行安全生产教育和培训，保证从业人员具备必要的安全生产知识。从业人员应当接受安全生产教育和培训，掌握本职工作所需的安全生产知识，提高安全生产技能，增强事故预防和应急处理能力。

《生产经营单位安全培训规定》对各类人员的安全培训内容、培训时间、考核以及安全培训机构的资质管理等作了具体规定。

全体从业人员入职都应参加三级安全生产教育。三级安全生产教育是指厂、车间、班组的安全生产教育。三级安全生产教育培训的形式、方法及考核标准各有侧重。

厂级安全生产教育是入厂教育的一个重要内容，教育内容重点如下：

（1）本单位安全生产情况及安全生产基本知识；

（2）本单位安全生产规章制度和劳动纪律；

（3）从业人员安全生产权利和义务；

（4）有关事故案例等。

煤矿、非煤矿山、危险化学品、烟花爆竹、金属冶炼等生产经营单位厂（矿）级安全生产教育除包括上述内容外，应当增加事故应急救援、事故应急预案演练及防范措施等内容。

车间级安全生产教育是在从业人员工作岗位、工作内容基本确定后进行，由车间一级组织，教育内容重点如下：

（1）工作环境及危险因素；

（2）所从事工种可能遭受的职业伤害和伤亡事故；

（3）所从事工种的安全职责、操作技能及强制性标准；

（4）自救互救、急救方法、疏散和现场紧急情况的处理；

（5）安全设备设施、个体防护装备的使用和维护；

（6）车间（工段、区、队）安全生产状况及规章制度；

（7）预防事故和职业危害的措施及应注意的安全事项；

（8）有关事故案例；

（9）其他需要教育的内容。

班组级安全教育是在从业人员工作岗位确定后，由班组组织，除班组长、班组技术员、安全员对其进行安全教育培训外，自我学习是重点。班组安全教育的重点内容如下：

（1）岗位安全操作规程；

（2）岗位之间工作衔接配合的安全与职业卫生事项；

（3）有关事故案例；

(4)其他需要教育的内容。

生产经营单位新上岗的从业人员，岗前安全教育时间不得少于24学时。煤矿、非煤矿山、危险化学品、烟花爆竹、金属冶炼等生产经营单位新上岗的从业人员安全教育时间不得少于72学时，每年再教育的时间不得少于20学时。

从业人员调整工作岗位后，由于岗位工作特点、要求不同，应当重新接受车间（工段、区、队）和班组级的安全教育，并经考试合格后方可上岗。

由于工作需要或其他原因离开岗位一年以上的，重新上岗作业应重新进行安全教育。另外，生产经营单位采用新工艺、新技术、新材料或者使用新设备时，应当对有关从业人员重新进行有针对性的安全教育。

2. 安全教育的内容

员工进入企业后，安全教育通常包括以下4个方面的内容。

（1）安全生产、劳动保护政策教育

安全生产、劳动保护政策是指国家行政机关依法制定和发布的有关安全生产、劳动保护的相关政策法规。

员工要积极参加企业有关部门及工会定期开展的安全生产、劳动保护政策教育，提升自己的劳动保护意识，保障作业安全，举例见表1-2。

表1-2 安全生产、劳动保护政策的内容

政策法规	具体说明
《施工现场临时用电安全技术规范》	对临时用电管理、外电线路及电气设备防护、接地与防雷、配电室及自备电源、配电线路、电动建筑机械和手持式电动机具及照明等作出了详细的安全要求
《女职工劳动保护特别规定》	该法规保护女职工在劳动方面的权益，减少和解决女职工在劳动中因生理特点造成的特殊困难

（2）安全生产法律法规教育

安全生产法律法规是我国进行安全生产管理的依据。员工要积极接受国家相关安全生产法律法规的教育，严格按照其规定的标准和规范去执行。安全生产法律法规教育的内容如图1-4所示。

《中华人民共和国劳动法》 此法是对劳动者安全与健康提供保障的最基本的法律条文，任何企业和个人必须进行此法的培训并严格遵守

《中华人民共和国安全生产法》 此法明确了从业人员在安全生产方面的权利和义务，对员工进行安全生产法的培训，保障从业人员的安全

《中华人民共和国刑法》 此法是对违反安全规章制度而造成重大事故或严重后果的责任人处罚的规定，使相关人员了解违反安全规章制度的严重后果

图 1-4　安全生产法律法规教育的内容

（3）安全生产技术教育

安全生产技术教育包括一般生产技术知识、安全生产技术知识和专业安全生产技术知识等的教育。

1）一般生产技术知识。安全技术知识是生产技术知识的组成部分，要掌握安全技术知识，首先要掌握一般生产技术知识，其主要内容包括：企业的基本生产概况、生产过程、作业方法或工艺流程；与生产技术过程和作业方法相适应的各种机具、设备的性能和知识；员工在生产中积累的操作技能和经验，以及产品的构造、性能、质量和规格等。

2）安全生产技术知识。安全生产技术知识是企业所有员工都必须具备的，主要内容如图 1-5 所示。

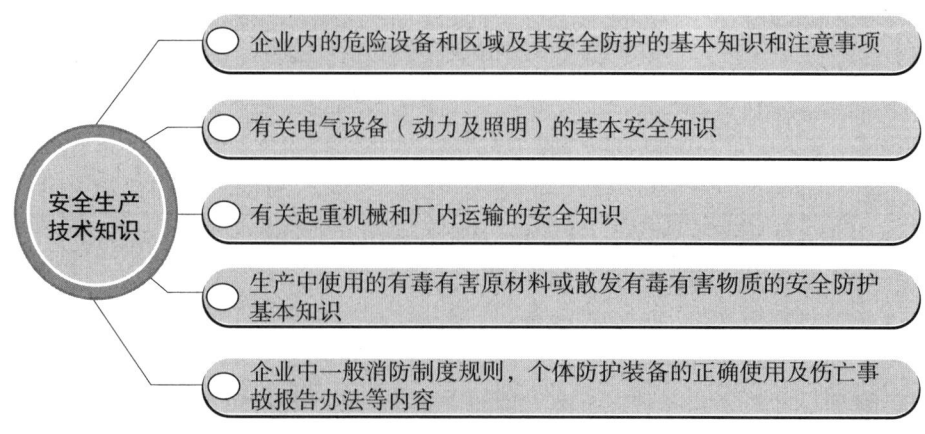

图 1-5　安全生产技术知识的内容

3）专业安全生产技术知识。专业安全生产技术知识教育是指某一作业的员工必须具备的专业安全生产技术知识的教育。专业安全生产技术知识教育比较专业和深入，它包括安全生产技术知识、职业卫生技术知识以及根据这些技术知识和经验制定的各种安全生产操作规程等的教育，内容涉及锅炉、压力容器、起重机械、电气、焊接、防爆、防尘、防毒、噪声控制等方面。

（4）典型事故教训教育

典型的安全事故记载、分析资料通常是企业基层管理人员（如班组长）开展安全教育的良好教材。它对过去发生的安全事故，有详细的事故分析以及应对措施。员工要积极参与对事故案例的学习分析，以了解过去，防患未然。

即学即用

1. 请回忆一下，到你参加工作为止，你都参加过哪些安全教育培训（包括学校和社会组织的安全教育培训）？你从中学习到了哪些安全知识或者技能？

2. 从你入职后，公司组织了哪些安全教育培训，培训内容是什么？你有哪些新的收获？

3. 你的岗位安全守则是什么？请抄写下来。

第 2 章 常见风险防范

2.1 主要安全标志识别

2.1.1 安全色

1. 安全色的含义

安全色是传递禁止、警告、指令、提示等安全信息含义的颜色,包括红、黄、蓝、绿 4 种颜色。安全色用途广泛,主要用于安全标志牌、交通标志牌、防护栏杆及设备机器等。

2. 安全色的用途

国际标准化组织(ISO)和很多国家都对安全色的使用有严格规定,根据我国制定的《安全色》(GB 2893—2008)的有关规定,将红、黄、蓝、绿 4 种颜色作为全国通用的安全色,其含义和用途见表 2-1。

表 2-1 安全色含义及用途

安全色	对比色	含义	用途举例
红色	白色	禁止、停止、危险、消防	各种禁止标志,交通禁令标志,消防设备标志,机械的停止按钮、刹车及停车装置的操纵手柄,机械设备转动部件的裸露部位,仪表刻度盘上极限位置的刻度,各种危险信号旗等

续表

安全色	对比色	含义	用途举例
黄色	黑色	警告、注意	各种警告标志，道路交通标志和标线中警告标志，警告信号旗等
蓝色	白色	指令、必须遵守	各种指令标志，道路交通标志和标线中指示标志
绿色	白色	安全	各种提示标志，机器启动按钮，安全信号旗，急救站、疏散通道、避险处、应急避难场所等

2.1.2 安全标志

1. 安全标志的含义

安全标志是用以表达特定安全信息的标志，由图形符号、安全色、几何形状（边框）或文字构成。标志主要包括禁止标志、警告标志、指令标志、提示标志、说明标志、环境信息标志、局部信息标志等，其中安全标志分为禁止标志、警告标志、指令标志和提示标志四大类型。

2. 安全标志形式

（1）禁止标志

禁止标志表示不准或制止人们的某些行动与行为。禁止标志的几何图形是带斜杠的圆环，其中圆环与斜杠相连，用红色；图形符号用黑色，背景用白色。

与电力有关的常用禁止标志有禁止启动、禁止合闸、禁止触摸、禁止攀登、禁止靠近、禁止入内等，如图 2-1 所示。

禁止启动

禁止合闸

禁止触摸

禁止攀登

禁止靠近

禁止入内

图 2-1　与电力有关的常用禁止标志

（2）警告标志

警告标志是警告人们可能发生的危险。警告标志的几何图形是黑色的正三角形、黑色符号和黄色背景，如图2-2所示。

注意安全

当心触电

当心电缆

当心坠落

当心弧光

当心滑倒

图2-2 警告标志

常用警告标志有注意安全、当心触电、当心电缆、当心爆炸、当心火灾、当心腐蚀、当心中毒、当心机械伤人、当心伤手、当心吊物、当心扎脚、当心落物、当心坠落、当心车辆、当心弧光、当心冒顶、当心瓦斯、当心塌方、当心坑洞、当心电离辐射、当心裂变物质、当心激光、当心微波、当心滑倒等。

（3）指令标志

指令标志是指必须遵守。指令标志的几何图形是圆形、蓝色背景和白色图形符号，如图2-3所示。

必须戴安全帽

必须系安全带

必须加锁

图2-3 指令标志

常用指令标志有必须戴防护眼镜、必须戴防毒面具、必须戴安全帽、必须穿防护鞋、必须系安全带、必须加锁、必须戴护耳器、必须戴防护手套、必须穿防护服等。

（4）提示标志

提示标志是指示意目标的方向。提示标志的几何图形是方形、绿色背景和白色图形符号及文字,如图 2-4 所示。常用提示标志有紧急出口、避险处、可动火区等。

紧急出口　　　　　避险处　　　　　可动火区

图 2-4　提示标志

3. 文字辅助标志

安全标志下方的文字辅助标志的基本形式为矩形边框,包括横写和竖写两种形式。横写时,文字辅助标志写在标志的下方,可以和标志连在一起,也可以分开。竖写时,文字辅助标志写在标志杆的上部。不同类型的安全标志的文字辅助标志的字体颜色和衬底色是不同的。在横写时,禁止标志、指令标志为白色字,衬底色为标志的颜色;警告标志为黑色字,衬底色为白色。在竖写时,禁止标志、警告标志、指令标志、提示标志均为白色衬底,黑色字;标志杆下部色带的颜色应和标志的颜色相一致,标志杆上的文字字体均为黑体字。

2.2　危险源识别

2.2.1　危险源及识别方法

危险源是指一个系统中具有潜在能量和物质释放危险的、可造成人员伤害、在一定的触发因素作用下可转化为事故的部位、区域、场所、空间、岗位、设备及其位置。

1. 危险源的构成

危险源由 3 个要素构成,即潜在危险性、存在条件和触发因素。潜在危险性是指在发生事故时,可能带来的危害程度或损失大小。存在条件是指危险源所处的物理状态、化学状态和约束条件状态。触发因素是危险源转化为事故的外因,是危险源触发的敏感因素。

2. 危险源的分类

危险源具有危险因素复杂、相互影响大、波及范围广、伤害严重等特点，针对这些特点，可将危险源分为5类，见表2-2。

表2-2　危险源的分类

类型	主要危险源
化学品类	有毒有害化学制剂、易燃易爆气体、腐蚀性物质
辐射类	高温辐射、放射源、射线装置、电磁辐射装置
生物类	动物、植物、微生物（传染病病原体类等）等危害个体或群体生存的生物因子
特种设备类	高能高压设备、起重机械、锅炉、压力容器、压力管道
电气类	高电压或高电流、高速运动、高温作业等非常态、静态、稳态装置或作业

3. 危险源识别的方法

危险源识别是指将生产过程中常见危险源，通过正确的方法，准确、及时地识别，进而对其进行管理和控制，避免事故的发生。一般来说，危险源可能存在事故隐患，也可能不存在事故隐患，对于存在事故隐患的危险源一定要及时加以整改，否则随时都可能导致事故出现。

可以运用能量意外释放理论查找危险源，危险源的识别应考虑以下因素：

（1）常规和非常规的活动。

（2）所有进入作业场所人员的活动。

（3）人员的行为、能力及其他人为因素。

（4）来自工作场所外部会对工作场所内、企业控制之下的人员造成不利于职业健康、安全的危险源。

（5）来自工作场所周边、由企业控制下的与工作有关的活动产生的危险源。

（6）工作场所中的基础设施、设备和材料，不论是否由企业提供。

（7）材料的变化或已纳入计划的变化。

（8）职业健康安全管理体系的变更，包括临时的变化及其对运行、过程和活动的影响。

（9）任何与风险评价和必要控制方法的实施有关的、适用的法定义务。

（10）工作场所、过程、装置、机械、设备、运行程序等的设计，包括其与人的能力相适应性。

为了能及时对生产活动中可能存在的危险源进行识别，制定风险控制措施，消除和降低安全风险，避免各类安全事故的发生，须学习危险源识别的方法。可以综合采用询问、交谈法，现场观察法，查阅记录法，获取外部信息法，工作任务分析法以及安全检查表法等全面识别危险源。

2.2.2 作业现场隐患排查

1. 事故隐患的分类

事故隐患是指生产经营单位违反安全生产法律、法规、规章、标准、规程和安全生产管理制度的规定，或者因其他因素在生产经营活动中存在可能导致事故发生的人的不安全行为、物的危险状态、场所的不安全因素和管理上的缺陷。

事故隐患分为一般事故隐患和重大事故隐患。一般事故隐患是指危害和整改难度较小，发现后能够立即整改消除的隐患。重大事故隐患是指危害和整改难度较大，需要全部或者局部停产停业，并经过一定时间整改治理方能消除的隐患，或者因外部因素影响致使生产经营单位自身难以消除的隐患。

2. 生产安全事故隐患的排查

生产经营单位应根据安全生产的需要和特点，采用综合检查、专业检查、季节性检查、节假日检查、日常检查等方式进行隐患排查。

为保护现场操作者的安全，需对现场安全隐患分类汇总，见表2-3。

表2-3 现场安全隐患排查汇总表

类别	项目	要求
现场环境	凸出物	墙壁、地面等处不存在有安全隐患的凸出物
	温度、湿度	符合作业要求
	煤气等易燃易爆及有毒气体	无违章存放、使用及泄漏现象
	噪声、振动	不会对人身、作业或建筑物造成影响
	粉尘	不会对人体、生产等造成危害
	气味	不会对人体、环境造成危害
	采光、照明	符合作业要求,无隐患
	安全范围、警戒区域	进行了合理的规划,标识清晰、醒目
	地面	没有湿滑、积水、凹凸不平等问题
设备与工装	机械、设备	设备上无残缺、破损等安全隐患,没有松动或未固定的部件
	阀门、仪表	完好无破损
	设备、工装等表面	设备、工装、小车表面无毛刺和尖锐棱角
	配线、配管布局、走向	合理,无泄漏、裂纹等安全隐患
	设备运转部位	安全措施、保护用的遮盖物等齐备
危险品	危险品的放置	化学药品等危险品按规定位置、规定高度分类放置(性质相抵触物品分开放置)
	危险品的保管方法	指定保管人,明确保管方法
灾害	防火设施、预警设备	布局合理,数量充足,紧急时能够正常运作
	安全通道、出口等	保持在可使用状态
	火灾、流行病、地震、台风等	设定应急措施
生产作业	个体防护装备	正确佩戴或使用
	作业动作	按安全操作规范操作
	高温作业	有降温措施
	物品徒手搬运	按规定数量、规定动作进行搬运
维修作业	焊接作业	佩戴保护用具、器具
	高空作业	采取保护措施
	高速转动工具	采取防护措施

3. 生产安全事故隐患治理

生产安全事故隐患治理的核心都是通过具体的治理措施来实现的，这些措施大体上分为工程技术措施和安全管理措施，以及对重大隐患需要做的临时性防护和应急措施。隐患治理的方式方法是多种多样的，因为企业必须考虑成本投入，需要以最小代价取得最适当（不一定是最好）的结果。遇上很难彻底消除的隐患，就必须在遵守法律法规和标准规范的前提下，将其风险降低到企业可以接受的程度。

（1）治理措施的基本要求

1）能消除或减弱生产过程中产生的危险、有害因素；

2）处置危险和有害物，并降低到国家规定的限值内；

3）预防生产装置失灵和操作失误产生的危险、有害因素；

4）能有效地预防重大事故和职业危害的发生；

5）发生意外事故时，能为遇险人员提供自救和互救条件。

（2）工程技术措施

工程技术措施的实施应遵循消除、预防、减弱、隔离、连锁、警告的等级顺序选择安全技术措施。

1）消除。尽可能从根本上消除危险、有害因素，如采用无害化工艺技术、生产中以无害物质代替有害物质、实现自动化作业、采用遥控技术等。

2）预防。当消除危险、有害因素有困难时，可采取预防性技术措施，预防危险、危害的发生，如使用安全阀、安全屏护、漏电保护装置、安全电压、熔断器、防爆膜、事故排放装置等。

3）减弱。在无法消除危险、有害因素和难以预防的情况下，可采取减少危险、危害的措施，如使用局部通风排毒装置、生产中以低毒性物质代替高毒性物质、降温措施、避雷装置、消除静电装置、减振装置、消声装置等。

4）隔离。在无法消除、预防、减弱的情况下，应将人员与危险、有害因素隔开，将不能共存的物质分开，如使用遥控作业、安全罩、防护屏、隔离操作室、安全距离、事故发生时的自救装置（如防护服、各类防毒面具）等。

5）连锁。当操作者失误或设备运行一旦达到危险状态时，应通过连锁装置终止危险，防止危害发生。

6）警告。在易发生故障和危险性较大的地方，配置醒目的安全色、安全标志，必要时设置声、光或声光组合报警装置。

（3）安全管理措施

通过加强安全管理，确保原危险因素消失或消减，避免事故发生。安全管理措施往往能系统性地解决很多普遍和长期存在的隐患。安全管理措施有很多种，如对作业人员进行安全培训教育、设置安全警示标志、制定岗位安全操作规程、调整作业制度等。

2.3 防范危险的经验与常见措施

2.3.1 防范危险的经验

对企业来说，安全意味着发展、稳定、效益、保障；对现场操作人员来说，安全意味着责任。作业人员应不断学习，总结国内外防范危险经验，提高对危险源的识别、评估技能及管理控制水平。企业在具体防范危险上主要有以下9条经验，作业人员应了解相应防范措施。

1. 在生产现场设置明显的警戒标志，注明危险源、可能发生的事故、现有控制措施等内容，警示员工提高自我保护意识，加强安全防范，确保安全生产。

2. 事故隐患排除前或者排除过程中无法保证安全的，应当将危险区域内的作业人员撤出，并疏散可能危及的其他人员。

3. 对于安全评价结果显示危险极大的安全隐患，企业应安排停产停业或者停止使用。

4. 对于暂时难以停产或者停止使用的相关生产储存装置、设施、设备，应当加强维护和保养，防止事故发生。

5. 加强企业高热量、有毒有害、易燃易爆、高温高压、高处坠落等，特别是金属液、渣液遇水爆炸喷溅，煤气中毒或燃烧、爆炸等危险源的监控及管理工作。

6. 作业现场布局要合理，保持清洁、整齐。对于有毒有害作业，必须配备防护设施。

7. 有高温、低温、潮湿、爆炸等危险的劳动场所，必须采取相应的有效防护措施。

8. 新员工、临时工、实习人员必须先接受三级安全生产教育才能准其进入操作岗位。对于改变工种的员工，必须重新进行安全生产教育才能上岗。

9. 对于从事压力容器设备、电气、车辆驾驶、易燃易爆等特殊工种人员，必须进行专业安全技术教育，经有关部门考核取得合格操作证后，才能准其独立操作，严禁无证人员操作。

2.3.2 防范危险的常见措施

防范危险的措施可从制度建设、人员管理、操作管理、设备管理、环境管理等方面考虑，具体可采取以下办法。

1. 制定安全防护措施

为保证企业安全地完成生产作业，作业人员应积极配合上级领导及相关部门制定安全防护措施，提出安全预防建议。安全防护措施的主要内容见表2-4。

表2-4 安全防护措施

类别	具体内容
生产环境安全防护	生产现场应配备安全防护装置及设施，应符合国家颁布的工业企业设计卫生标准、建筑设计防火规范及其他所有规定的要求
	有毒有害生产作业场所应确实具有可靠的通风、吸尘、净化、隔离等必要的防护措施，并定期进行环境监测
	有毒有害生产作业场所应与无害作业区和生活区分开，且应设置自动报警装置和通风设施
	生产现场的危险品应具有醒目的安全标志和相应的安全应急预案
生产过程安全防护	生产现场必须确保具有可靠的安全防护设备、应急救援设施以及通信报警装置
	生产班组对安全防护设施进行经常性维护、检修，确保其处于良好的运行状态
	进入有毒有害作业现场，作业人员须佩戴符合国家职业卫生标准的防护用品，并保证作业场所良好的通风状态
	企业定期组织对有毒有害作业现场进行职业中毒危害因素监测和评价

续表

类别	具体内容
生产人员安全防护	对生产人员定期进行健康检查,并建立健康档案
	对受到或可能受到急性职业中毒危害的作业人员,应要求企业及时组织健康检查和医学观察

2. 加强安全教育管理

为提高作业人员的安全生产意识,预防安全生产事故的发生,企业一般采用三级安全生产教育制度,将安全生产教育分为工厂级、车间级以及班组级三个等级,其中班组级安全生产教育的内容如图2-5所示。

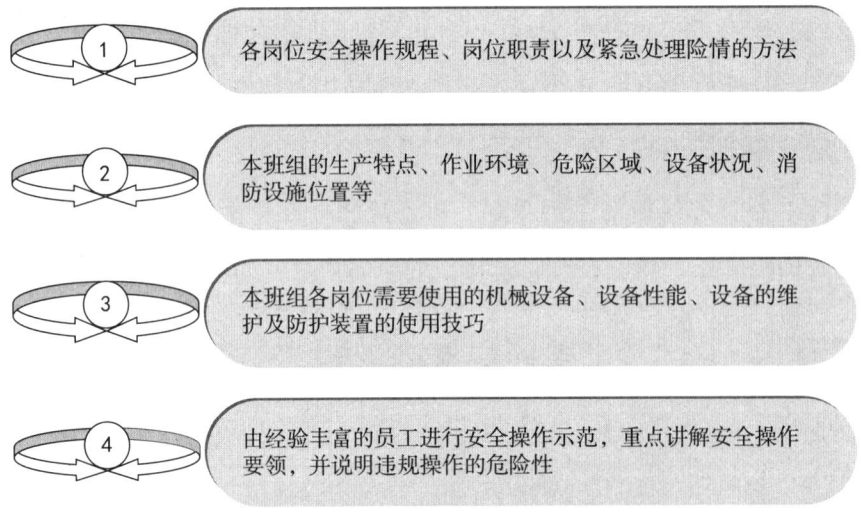

图2-5 班组级安全生产教育的内容

3. 明确安全生产责任

企业应通过全员安全生产责任制,将安全生产责任落实到生产一线的每一个人身上,并要求相关管理人员进行监督和定期考核,促使作业人员按照安全操作规程进行作业,避免安全生产事故的发生。

4. 实施安全检查

(1)安全检查内容

作业人员应详细了解安全检查内容,以便于对相关内容进行重点管理,配合相关领导进行安全检查。安全检查的具体内容如图2-6所示。

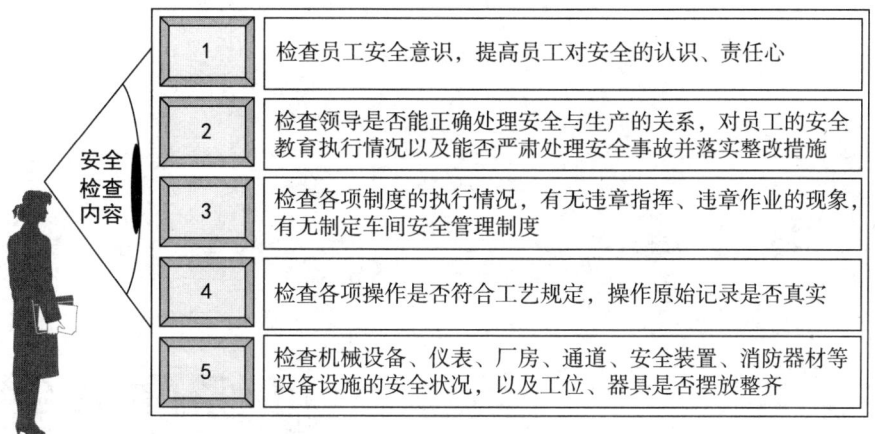

图 2-6　安全检查内容

（2）安全隐患整改

作业人员在进行安全检查中发现安全隐患的，要及时报告上级领导，由各级领导及有关职能部门制定整改方案，并要求相关责任人严格按照整改方案执行。

即学即用

1. 到你的工作企业观察一下，工作现场有哪些安全标志？这些安全标志分别警示什么？

2. 结合你所学知识，识别作业场所是否存在危险源。若存在，应如何防范？

第 3 章 现场作业安全

3.1 5S 与安全

5S 管理是生产现场管理人员对现场人、机、料、法、环等生产要素进行有效管理，并对其所处状态进行不断改善的基础活动。

5S 是以整理（Seiri）、整顿（Seiton）、清扫（Seiso）、清洁（Seiketsu）这"4S"为手段，实现第 5 个"S"素养（Shitsuke）的目的，营造一目了然的现场环境，使企业中每个场所的环境、每位员工的行为都能符合 5S 管理的精神，最终提高现场管理水平。

5 个"S"的含义见表 3-1。

表 3-1　5 个"S"的含义

5S	宣传标语	具体内容
整理（Seiri）	要与不要，一留一弃	◆ 区分需要的和不需要的物品，果断清除不需要的物品
整顿（Seiton）	明确标识，方便使用	◆ 将需要的物品按量放置在指定的位置，以便任何人在任何时候都能立即取来使用
清扫（Seiso）	清扫垃圾，美化环境	◆ 除掉车间地板、墙、设备、物品、零部件等上面的灰尘、异物，以创造干净、整洁的环境

续表

5S	宣传标语	具体内容
清洁（Seiketsu）	洁净环境，贯彻到底	◆ 维持整理、整顿、清扫状态，从根源上改善使现场发生混乱的现象
素养（Shitsuke）	持之以恒，养成习惯	◆ 遵守企业制定的规章纪律、作业方法，文明礼仪，具有团队合作意识等，使之成为素养，员工能做出自发的、习惯性的改善行为

5S活动之间是紧密联系的，整理是整顿的基础，整顿是对整理成果的巩固，清扫是显现整理、整顿的效果，而通过清洁和素养，则可以使生产现场形成良好的改善氛围。各"S"活动的运作关系如图3-1所示。

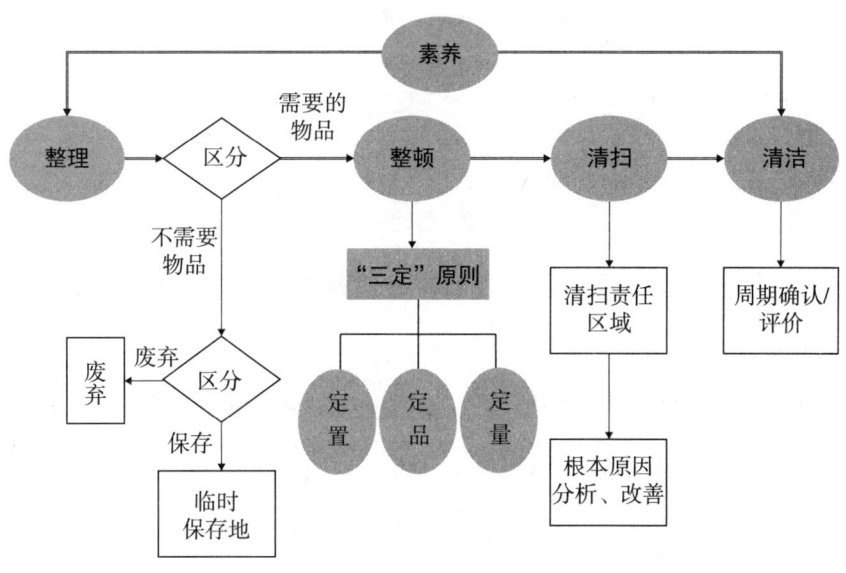

图3-1　5个"S"活动运作关系示意图

5S活动包括以下5步。

第1步：整理，整理现场不必要的物品。

第2步：整顿，按定置、定品、定量的"三定"原则进行现场整顿。

第3步：清扫，选定清扫的负责区域并把负责的区域清扫干净。

前三步是日常5S活动的具体内容。

第4步：对前面"3S"（整理、整顿、清扫）工作规范化、制度化，使现场一直保持清洁的状态。

第5步：导入目视管理法，使现场的每个人都能容易理解，鼓励全员参与到5S管理活动中，使员工逐渐形成5S工作习惯。

3.1.1 整理与安全

1. 整理的含义

整理是指区分需要的与不需要的物品，再对不需要的物品加以处理，其具体含义如图3-2所示。

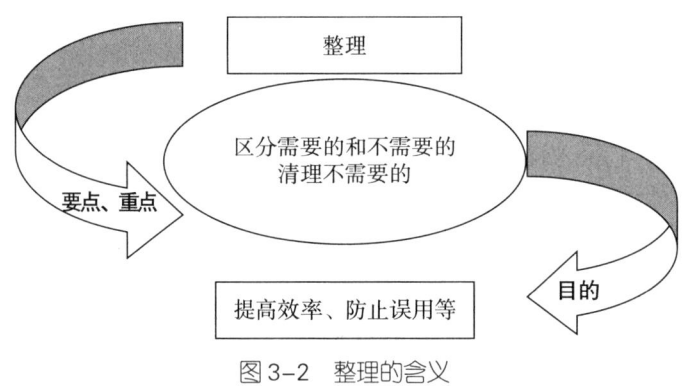

图3-2 整理的含义

整理的要点是对工作现场摆放和停滞的各种物品进行分类，区分什么是现场需要的，什么是现场不需要的。

整理的重点在于把现场不需要的东西清理掉，使现场无不用之物。

整理的目的是使现场无杂物，过道通畅，从而提高工作效率；防止误用、误送；保障生产安全；消除浪费；营造良好的工作环境等。

2. 整理的对象

整理的对象包括现场的无使用价值的物品、不使用的物品、造成生产不便的物品、滞销产品等，见表3-2。

表3-2 整理的对象

对象	内容举例
无使用价值的物品	⊙ 损毁的钻头、磨具、刀具、刃具等器具 ⊙ 不能继续使用的手套、夹具、垃圾桶、包装箱 ⊙ 损毁的或精度不准且无法修复的千分尺、天平等测量器具 ⊙ 过期及变质物品、垃圾、废品 ⊙ 过期的报表、看板、资料和档案

续表

对象	内容举例
不使用的物品	⊙ 已停产产品的零件、原材料和半成品 ⊙ 无保留价值的试验品、样品 ⊙ 生产产生的边角料、切屑 ⊙ 多余的办公桌椅、用品、设施设备
造成生产不便的物品	⊙ 取放物品不便的包装箱、包装盒 ⊙ 通道上放置的物品
滞销产品	⊙ 已经过时的产品 ⊙ 因产品品质问题不能销售的产品 ⊙ 生产过剩产品

3. 整理的实施步骤

整理为5S活动的第一个阶段，应区分必需品和非必需品，大胆处理非必需品。整理的关键在于即使觉得可惜也要大胆地扔掉。通过这个阶段减少非必需品所占的空间来确保必需品所占的空间，其步骤如图3-3所示。

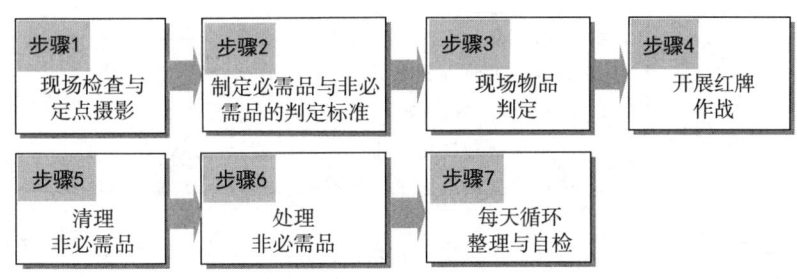

图3-3 整理活动的实施步骤

（1）现场检查与定点摄影

对生产现场进行全面性的检查，检查时须遵循"看得见的要整理，看不到的更要整理"的原则，如设备内部、桌子底部、文件柜的顶部都是现场检查时应特别需要注意的地方。在生产现场，具体检查对象包括但不限于现场的地面及地面上的物品、工作台、工装架、天花板、暂存区等。

5S活动人员在进行现场检查的同时，须进行定点摄影。定点摄影指在同一地点、同一方向，将生产现场的死角、不符合5S管理原则的地方用同一部相机（摄像机）拍摄下来，并在大家都能看得到的地方展示出来。其目的是激发员工的改善意愿，有利于对整理后的结果进行再次拍摄并展示，从而与活动前情况进行对比，掌握、评估改善的成果。

（2）制定必需品与非必需品的判定标准

必需品与非必需品的判定，有一个最基本的标准，见表3-3。

表3-3 必需品与非必需品的判定标准

类别		基准分类
必需品 （现场生产作业要使用的物品）		◎ 正常的机器设备、电器装置等 ◎ 工作台、板凳、材料架等 ◎ 台车、推车、拖车、堆高机等 ◎ 正常使用的工装夹具等 ◎ 尚有使用价值的消耗品等 ◎ 原材料、半成品、成品等 ◎ 栈板、周转箱、防尘用具等 ◎ 办公用品等 ◎ 使用中的清洁用具用品等 ◎ 各种使用中的看板、海报等 ◎ 有用的文件资料、表单记录、书报、杂志等 ◎ 其他必要的私人用品等
非必需品 （现场作业不需要的物品）	地板上的非必需品	◎ 废纸、杂物、油污、灰尘、烟蒂等 ◎ 不再使用的办公用品 ◎ 不能或不再使用的机器设备、工装夹具等 ◎ 呆滞物料和过期品等 ◎ 破烂的栈板、图框、塑料箱、纸箱、垃圾桶等
	工作台和架子上的非必需品	◎ 过时的文件资料、表单记录、书报、杂志等，多余的资料等 ◎ 不必要的私人用品、破压台玻璃、破椅垫等 ◎ 损坏的工具、样品等
	墙壁上的非必需品	◎ 过期和老旧的海报、看板 ◎ 破烂信箱、意见箱、指示牌 ◎ 过时的挂历、损坏的时钟、没用的挂钉等
	天花板上的非必需品	◎ 不再使用的各种管线等 ◎ 不再使用的吊扇、挂具等 ◎ 老旧无效的指导书、工装图等

5S活动人员在判断物品重要性的基础上，根据物品使用频率来决定其管理方法，见表3-4。例如，一支笔使用频率是每天、每周或者每小时，它是经常使用的，就是必需品。所有人员要用恰当的方法来保管必需品，以便寻找与使用。

表 3-4 按使用频率区分必需品和非必需品

序号	使用频率	分类（区分）	处理方法
1	1 年连 1 次也不使用的	非必需品（不要品）	废弃
2	6 个月至 1 年之间只使用 1 次的	非必需品（不急用品）	放置远处
3	1 个月使用 1 次左右的	非必需品（不急用品）	集中放置
4	1 周使用 1 次以上的	必需品	集中放置，放在操作范围内
	每天使用 1 次以上的		放在操作范围内或随身携带
	每小时都使用的		
备注	非必需品包括不要品和不急用品，其中，不急用品是指会再使用，但使用频率低或不能放在当前位置的物品		

（3）现场物品判定

5S 活动人员在开展、实施整理活动时，一般可根据表 3-4 中的判定标准提出 5 个问题，如图 3-4 所示，并根据回答结果对不同物品进行判定与处理。

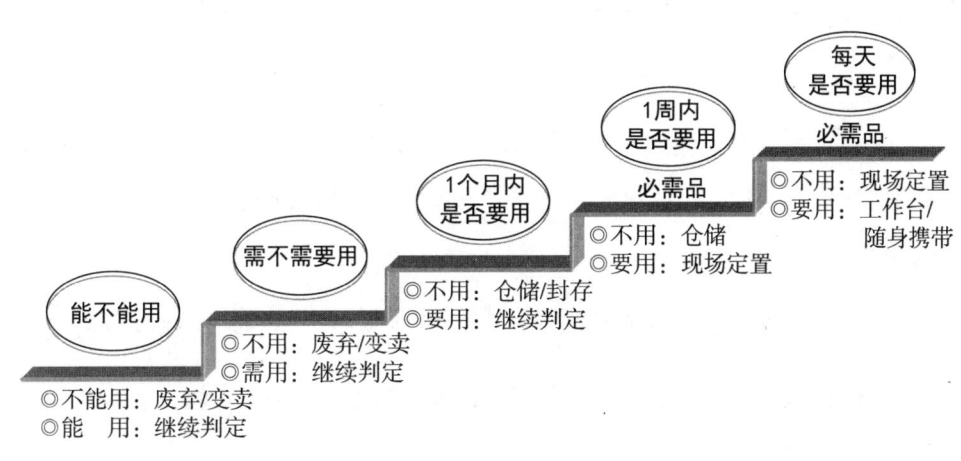

图 3-4 现场物品判定过程中的 5 个问题

一般情况下，1 个月内都用不上的物品都可移出现场，仅留下必需品（即第 3 个问题后）。需要注意的是，判断物品是必需品还是非必需品时，主要看其现在的使用价值，而非其原来的购买价值。

（4）开展红牌作战

红牌是用来使每个人都能一目了然地看到生产现场中物品的整理方式。5S活动人员运用红牌作战的主要目的是寻找工作场所中可以改善之处，其实施要点如下：

1）制作红牌，以引人注意，表示挂红牌的对象需要进行整理。

2）挂红牌的对象：非必需品、用途不明的物品、质量不良的产品、标识不明的物品等，具体对象包括设备、搬运车、踏板、工具夹具、刀具、桌椅、资料、模具、备品、材料等。

3）要求被挂牌的部门、责任人员在规定的时间内按要求进行整理，最后由5S活动小组进行效果验收，验收合格后将红牌撤销。

4）红牌要挂在引人注目的地方，不可让现场作业人员自己挂红牌。

5）对有待改善的地方或存在疑问的对象，都要挂上红牌。

6）要集中挂红牌，时间跨度不可太长，以免让大家厌烦。

（5）清理非必需品

5S活动小组须严格执行必需品与非必需品的判定标准，根据红牌作战的结果，严格区分出必需品与非必需品，留下必需品，彻底清理非必需品。清理非必需品时必须注意以下3点事项：

1）在红牌作战中，如因无法清楚判定是必需品还是非必需品的某一特定物品也被挂上了红牌，活动人员在判定清理非必需品时，须询问现场作业人员，以得出正确的结果。

2）非必需品的判定没有绝对标准，须根据现场作业的实际情况进行修正。

3）对非必需品进行整理时，判断其中那些想保留的物品是否有保留的价值，并弄清保留的理由和目的。

（6）处理非必需品

被整理出生产现场的非必需品须及时进行处理，避免因堆积而造成无谓的浪费。非必需品的处理流程如图3-5所示。

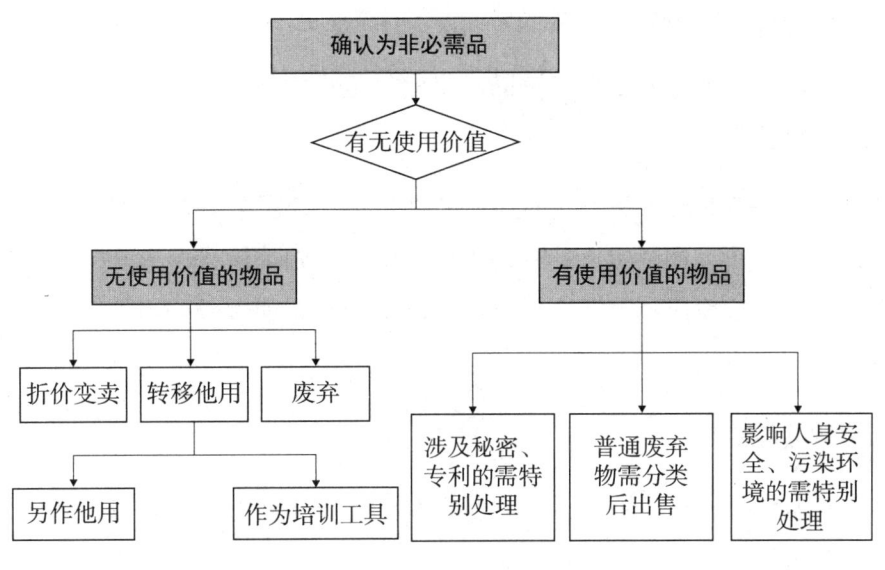

图 3-5　非必需品的处理流程

4. 整理与安全的关系

整理不仅是 5S 活动的基本活动之一，也是防止事故、火灾，保证现场安全的基础。将一些非必需品放置在现场，不仅占用了作业现场的空间，而且妨碍了现场作业，同时还影响到应急事件的处理，是潜在的安全隐患。因此，必须坚决清理非必需品，将其清除或放置在其他地方。

3.1.2　整顿与安全

1. 整顿的含义

整顿是指将必需品整齐放置、清晰标识，最大限度缩短寻找和放回的时间。整顿的含义如图 3-6 所示。

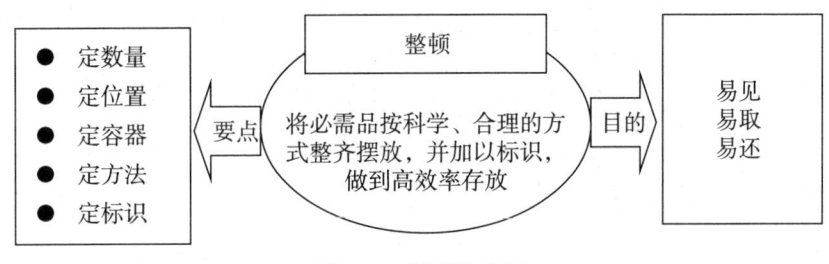

图 3-6　整顿的含义

整顿的要点是做到"五定"，即定数量、定位置、定容器、定方法、定标识。定数量是指确定存放数量的最高限度和最低限度。定位置是指确定固定、合理、便利的存放位置。定容器是指确定合适的存放容器,以便有效地存放物品。定方法是指采用形迹管理等方法放置物品。定标识是指用统一、明确的文字、颜色等作为物品的标识。

整顿的目的是易见、易取、易还。易见是指整齐摆放物品,并用颜色、文字进行标识,使物品一目了然。易取是指根据使用规则合理设置放置地点,使物品容易拿取。易还是指通过简明的符号或形状提示,比如设置凹模,使物品放回原来的位置。

2. 整顿的内容

整顿的工作内容包括确定物品的放置地点、存放数量、存放容器和摆放方法以及进行物品标识等,如图3-7所示。

整顿内容	具体说明
放置地点	● 制作现场图,进行合理规划和布局,设置物品的放置区域 ● 根据存取方便的原则,设置物品的放置地点 ● 根据物品的特殊属性,设置特殊物品、危险品的专用场所
存放数量	● 根据生产、业务需求和储存的原则,确定物品的最大、最小存放数量 ● 台架、箱、桶等所存的数量应明确标明,一目了然
存放容器	● 根据物品的形状、特性选择合适的"容器"盛放物品 ● 用颜色、形状、标识牌等区分不同的容器
摆放方法	● 通过分类归置,使物品摆放整齐 ● 按先进先出、方便取的原则摆放物品 ● 重的物品放下面,轻的物品放上面 ● 容易损坏的物品应分开放置或加防护装置进行保管
物品标识	● 不同物品的摆放区域以不同颜色标识或用栅栏区分 ● 用相应颜色的线条标识物品堆积高度、最低存量等 ● 所有存放的物品应贴好标签,标明物品的名称、数量等

图3-7 整顿的内容

3. 整顿的实施步骤

整顿就是将物品整理后的状态可视化并使之便于维持,整顿工作如同地图中的经纬度，标好物品的位置，以便任何人在任何时间都能很容易地找到。该活动的执行步骤如图 3-8 所示。

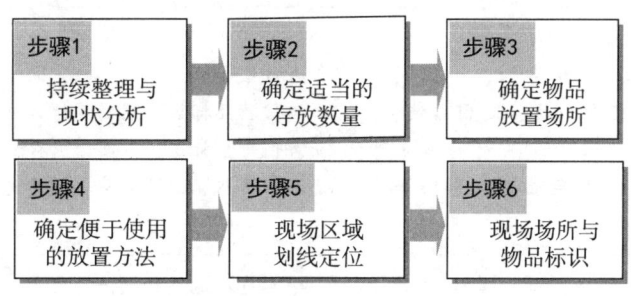

图 3-8　整顿活动执行步骤

（1）持续整理与现状分析

5S 活动人员须对需整顿的现场进行分析，对必需品的名称、物品分类、物品放置等情况进行彻底调查和了解，具体工作包括以下 3 个方面：

1）彻底落实前期的整理工作，确认撤除不用或没用的东西，经整理后所腾出来的空间需要重新规划。

2）将现场物品的传送情况、传送路线用图样表示出来。

3）进行物品分类，将现场物品的实际分布情况、使用方法、使用人员、使用频率等用表格进行记录。

在此阶段，5S 活动人员须根据物品各自的特征、使用方法、物品使用者、使用频率等进行分类，把具有相同特点或具有相同性质的物品归到同一类别，在此基础上制定标准和规范，以确保"三定"原则在现场得到落实。"三定"是指物品的保存方法应做到定置、定品、定量（数量或重量），其含义及操作方法见表 3-5。

表 3-5　"三定"原则操作说明

"三定"原则	含义	操作方法
定置	◆ 设定物品的保管场所，标记堆放方法和存量的最大值、最小值，使物品位置一目了然	◎ 用区域标识和地址标识来区分 ◎ 地址标识要包括单位列、行号 ◎ 区域标识可用"A、B、C"或"1、2、3"表示 ◎ 单位物品标识上面开始用"1、2、3"来表示 ◎ 最上层"0 区域"（如架子顶）不能存放物品 ◎ 以将来不变动为基准

续表

"三定"原则	含义	操作方法
定品	◆ 依据物品的形态、大小、性质划分类别，适用定量概念，使其使用方便、易于管理，数量的设定应使用标准数，能够一目了然	◎ 存放架子标识 ◎ 单位物品标识，明确是什么物品 ◎ 方便更换标识，方便变更存放位置 ◎ 物料存取、搬运容易、便捷
定量	◆ 了解在库量，要做到的不是"大概"，而是要明确知道具体数量，以便为推行目视管理奠定基础	◎ 限制存放地点和搁板的大小 ◎ 特殊标识比数字更好 ◎ 明确表示最大存量（红色）、最小存量（黄色） ◎ 做到一眼能看到数量的多少

（2）确定适当的存放数量

进入整顿阶段后，现场物品数量需严格控制，实行看板管理，实现"三定"之"定量"的原则，如图3-9所示。

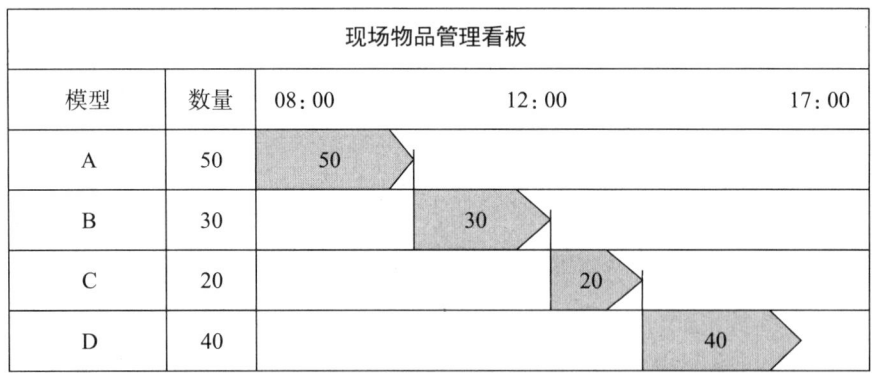

图3-9 现场物品管理看板

（3）确定物品放置场所

按"三定"原则之"定置"要求，5S活动人员须规定现场物品的保存场所，实现现场物品的百分百定位。物品放置场所的设定要求如下：

1）经常使用的物品放在近一点的地方。

2）生产线附近只放真正需要的物品。

3）考虑运输的最短距离及物品运输的方便程度。

4）对于使用频率高的物品，其存放高度要在肩到肘臂之间。

5）对于使用频率相对较低的物品，则放到其他规定地点。

6）同类物品应集中放置，按照"先进先出"原则进行取用。

7）危险品必须在特定的场所保管，并用栅栏或其他方式隔离。

8）找出可以立体性活用空间的方法，如尽量使用物料架摆放物品，提高空间利用率。

9）用带颜色的线来标记保管区域。

10）设定物品暂存区时，注明暂存期限。

（4）确定便于使用的放置方法

在整顿活动中，现场所有作业人员均应根据本岗位的工作特点选择合理的物品放置方法，实现保障安全、提升质量、提高效率的目的。

（5）现场区域划线定位

在现场，划线定位的常用方式有 4 种：胶带定位、油漆定位、瓷砖定位、栅栏定位。5S 活动人员应注意根据现场实际情况，选择合适的方法，有目的、有计划地进行划线定位。

一般情况下，工厂用不同颜色、不同线条区分不同物品的位置，但是在工作范围内必须统一，见表 3-6。

表 3-6　区域划分颜色、线条说明

颜色、线条区分	说　明
黄色实线	一般通道线、区域、固定物品的定位线
黄色虚线	机器设备定位线，表示移动台车、工具车等的停放位置
绿色区域	原材料区、成品区
红色区域	不合格品区、废品区、危险区
白色区域	作业区
红色斑马线	表示不得进入、不得放置，如配电装置、消防栓处、升降梯处等区域
黄黑虎纹线	表示警告、警示，如地面凸起物、易碰撞处、坑道、台阶等

另外，生产现场通道宽度设计标准的要求如下。

1）人行道：人走的地方最少要 1 m 以上。

2）单向车道的宽度为最大的车宽加上 1.8 m。

3）双向车道的宽度为最大车宽乘以 2 再加上 1 m。

（6）现场场所与物品标识

在整顿活动中，可充分运用标识战略，以便为实现目视管理奠定基础，如图 3-10 所示。

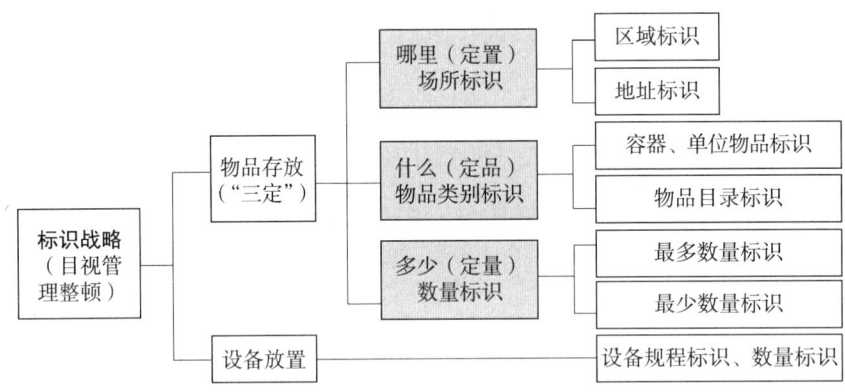

图 3-10 整顿过程中的标识战略

在现场标识前，5S 活动人员要做好标识的统一规定，以免发现问题后重新再做。对整顿区域内的各类物品，用标识牌标识区域、类别、物品名称、数量、用途、责任者等信息，见表 3-7。

表 3-7 标识牌内容说明表

标识牌	标识内容
样板区域标识牌	车间名称、责任人、活动时间
工具架标识牌	班组名称、物品类别（如五金工具类、模具类等）、责任人、每层物品名称
工具柜标识牌	车间名称、所属货架类别编号、责任人、每层放置的物品名称
工具、物品定置标识牌	物品类别、物品名称、规格、数量、最大库存、安全库存
文件柜标识	部门名称、文件柜编号、责任人、每层放置文件的类别（如常用文件、表单等）
各类管理对象（如配电箱、消防用具等）	车间名称、班组名称、物品名称、物品编号、责任人

4. 整顿与安全的关系

整顿不仅是5S活动的基本活动之一，也是防范事故、火灾，保证现场安全的基础。考虑通道的畅通及合理，应尽可能将物品隐蔽式放置及集中放置，减少物品的放置区域；采用各种隔离方式隔离放置区域，合理利用空间；使用目视管理，标识清楚明了；安全消防设施放置要易取。

3.1.3 清扫与安全

1. 清扫的含义

清扫是将工作场所内看得见和看不见的地方打扫干净，不仅包括环境的清扫，还包括设备的擦拭与清洁，以及污染源的改善，其含义如图3-11所示。

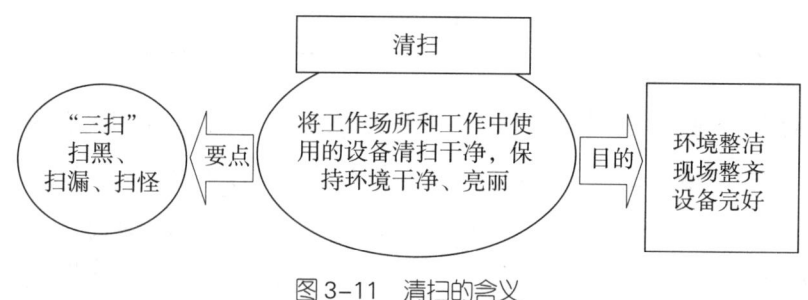

图3-11 清扫的含义

清扫的要点是"三扫"，即"扫黑、扫漏、扫怪"。"扫黑"是指扫除垃圾、灰尘、粉尘、纸屑、蜘蛛网等。"扫漏"是指发现漏水、漏油等现象要进行擦拭，并查明原因，采取措施进行整改。"扫怪"是指对异常声音、温度、振动等进行整改。

清扫的目的：使环境整洁，使现场整齐，使设备完好。环境整洁是指通过清扫，使环境干净清洁、无灰尘、无脏污。现场整齐是指通过清理杂物，使现场整齐、无杂物。设备完好是指通过点检维修，使设备处于完好状态，无松动、开裂、漏油等现象。

2. 清扫的对象

在清扫过程中，首先应明确清扫的对象，才能进行合理、正确的清扫。清扫的对象包括空间、物品和污染源，见表3-8。

表 3-8 清扫的对象

清扫对象		具体说明
空间		⊙ 彻底清除地面、墙壁、窗台、天花板上所有的灰尘和异物
物品	设备、工具、其他生产或办公物品	⊙ 擦拭设备表面及内部的油渍、污垢 ⊙ 检查并修复设备的异响、松动、振动、漏油等现象 ⊙ 修复有缺陷的工具 ⊙ 对各场所的物品要按照整理、整顿的办法进行清理，去除杂物 ⊙ 对工作中所用到的物品进行擦拭或清洗，以保持其状态良好 ⊙ 对有瑕疵的物品进行恢复和整修
污染源		⊙ 在清扫过程中，应注意检查产生废气、废水、固体污染物的污染源，并采取相应措施进行控制

清扫的 3 个对象是相辅相成的：清扫地面、墙壁、窗台、天花板是为了给物品创造干净、整洁的空间，而清扫设备在内的物品，是为了发现并控制污染源，控制住污染源，才能进一步进行彻底的清扫，以确保环境良好，保证设备、物品完好。

清扫不是简单的扫除，而在于改善环境，提高工作质量。清扫的对象也不仅是垃圾、灰尘、污垢等，还应消除使用物品的各种不便利。

3. 清扫的实施步骤

清扫是希望创造一个一尘不染的环境，从而稳定产品质量，达到零故障、零损耗、零事故。清扫不是唯一的目的，同时也要达到检查的目的，要认识到清扫就是检查。其实施步骤如图 3-12 所示。

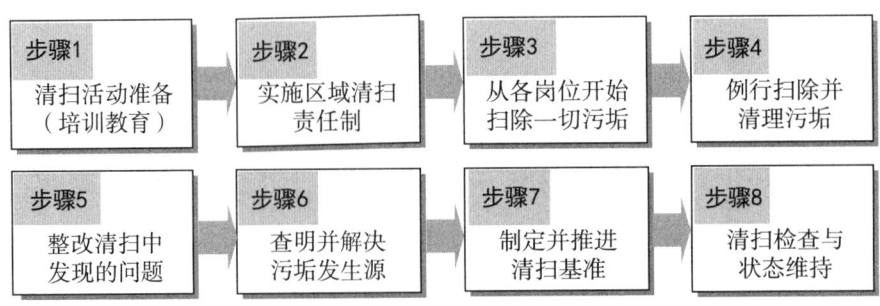

图 3-12 清扫活动实施步骤

（1）清扫活动准备

清扫活动的准备工作主要是做好培训教育，包括清扫活动的安全教育、设备操作培训、指导并培训清扫工作等。

1）安全教育：对可能发生的事故，包括触电、剐伤、捅伤、油漆腐蚀、灼伤等不安全因素进行提醒或警示，如电线不能用湿手去触摸等。

2）设备操作培训：学习设备基本构造，了解其工作原理，绘制简图；对尘垢、漏油、漏气、振动等状况原因进行分析；指导如何减少设备损耗、提高设备工作效率。

3）指导并培训清扫工作：指导并组织学习相关清扫工作的作业指导书，明确清扫工具、清扫的位置，提出润滑、装卸等作业的方法及具体操作步骤等基本要求。

（2）实施区域清扫责任制

生产现场管理人员对于现场应清扫的区域进行划分，实行区域清扫责任制（如利用现场清扫责任看板、现场清扫责任表等工具来明确），消除无人理的死角，具体操作方法如下。

1）利用现场平面布置图，把生产现场区域划分到各部门，再划分到每一个人。

2）标识各责任区及负责人，各责任区应细化成各自的定置图。

3）必要时各公共区可采用轮流值日的方式。

4）绘制清扫区域地图，分区域标识出负责人姓名并公示。

需要注意的是，清扫工作必须做到责任到人，但也需要做到互相帮助。

（3）从各岗位开始扫除一切污垢

现场作业人员要自己动手清扫，清除常年堆积的灰尘污垢，所有看得到的和看不到的都要清扫，不留死角，将地板、墙壁、天花板甚至灯罩里边都打扫得干干净净。清扫须遵循"从大到小、从上到下、从里到外、从角落到中央"的原则。

（4）例行扫除并清理污垢

例行扫除并清理污垢的工作内容及安排如下。

1）规定例行清扫内容，确定例行清扫时间。

2）全员拿着扫把、拖把等依规定进行彻底清扫。

3）现场管理人员应亲自参与清扫，以身作则。

4）细心清扫，清扫到细微之处，不做表面工作，不容许污垢存在。

5）在清扫过程中发现不良之处，应加以改善。

6）清扫后，清扫用具本身应保持清洁，并按指定的位置归位。

（5）整改清扫中发现的问题

现场作业人员在执行清扫工作的同时也是在做检查工作，包括看得到的和看不到的地方。对清扫中发现的问题，要及时进行整改。清扫发现的问题包括但不限于以下5个方面。

1）地板凹凸不平，使搬运车辆中的产品发生摇晃甚至碰撞，导致问题发生，则要及时整修。

2）对于松动的螺栓要马上紧固，补上丢失的螺钉、螺母等配件。

3）对于需要防锈保护、润滑的部位要按照规定及时加油或保养。

4）更换老化的或可能破损的水、气、油等各种管道。

5）通过清扫随时发现工作场所的机器设备或一些不容易看到的地方是否需要维修或保养，及时添置必要的安全防护装置。

（6）查明并解决污垢发生源

污垢与灰尘是生产现场一切异常与不良的根源，5S活动人员在执行清扫活动的过程中，一旦发现污垢，需要查明污垢的发生源，从而采取措施予以杜绝或改善。

污垢发生源主要是由于"跑、滴、冒、漏"等原因造成的，如图3-13所示。

在明确了上述四大污垢发生源后，要及时采取相应的对策，解决问题。可以制定污垢发生源的明细清单，按计划逐步改善，将污垢从根本上消灭。

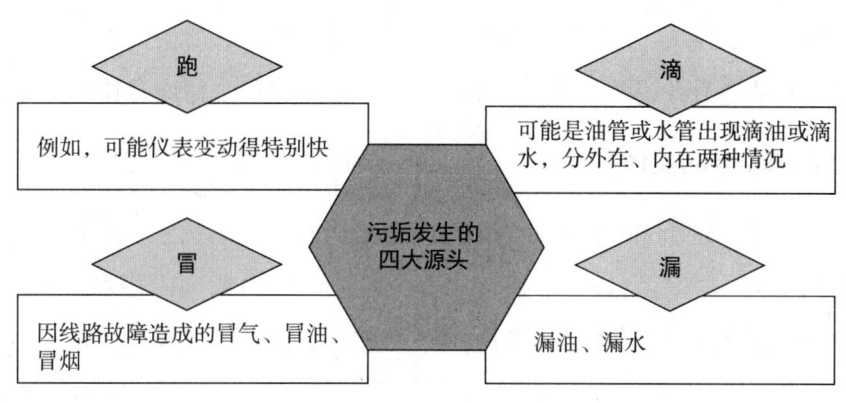

图 3-13 污垢发生源

（7）制定并推进清扫基准

除了责任到人外，还需要建立清扫基准，制定清扫制度，促进清扫工作的标准化，以确保现场干净、整洁。清扫基准中至少应包括如图 3-14 所示的 8 项内容。

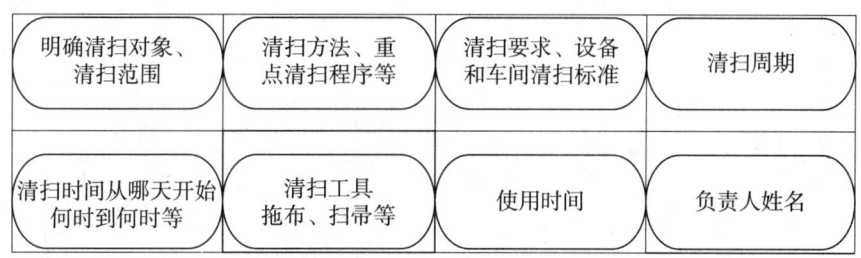

图 3-14 清扫基准的内容

（8）清扫检查与状态维持

清扫活动除了清除"污垢"，保持工作场所干干净净、明明亮亮外，还要排除一切干扰正常工作的隐患，防止和杜绝各种污染源的产生。这种状态的维持工作需要从以下 4 个方面来开展：

1）废弃物放置区规划、定位：在室内外设置垃圾桶或垃圾箱，无用的非必需品可作为废品处理掉。

2）建立清扫基准共同执行：责任区公布说明、责任区域定期轮换、建立清扫基准共同遵守。

3）高层领导带头、人人参与其中，平时养成清扫习惯，相互监督与帮助，形成不用制度约束也能自觉地完成"清扫"的氛围。

4）检查小组督办：企业成立5S检查小组，稽查整理、整顿、清扫不力的地方，指出做得不好的地方并记录；稽查员工的行为、纪律问题，并督促其马上改正。

4. 清扫与安全的关系

清扫不仅是5S活动的基本活动之一，也是防止事故、火灾，保证现场安全的基础。恶劣的环境可对设备或系统造成安全隐患，如电缆沟内积水、积泥，长期存在可能导致线路短路。清扫干净可使作业人员心情舒畅、头脑清醒，从而保证安全。

3.1.4 清洁与安全

1. 清洁的含义

清洁是在整理、整顿、清扫之后，认真维护已取得的成果，并将整理、整顿、清扫进行到底，使之制度化、标准化，其含义如图3-15所示。

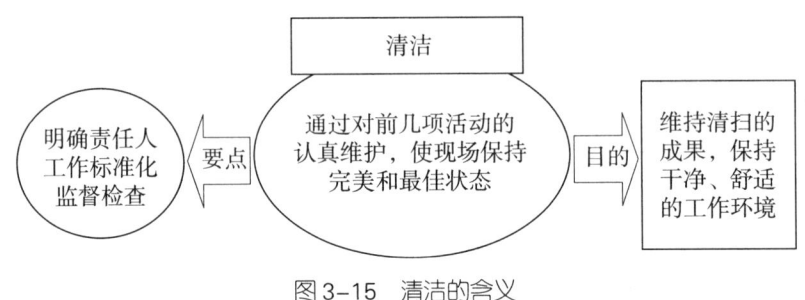

图3-15　清洁的含义

清洁的要点是明确责任人、工作标准化、监督检查。明确责任人是指明确地确定企业里所有区域的责任人。工作标准化是指制定明确的整理、整顿、清扫制度，规定清洁目标、方法，将其标准化。监督检查是指通过定期检查、相互监督等方法，加强对清扫工作的检查、监督。

清洁的目的是维持清扫的成果，保持干净、舒适的工作环境。维持清扫的成果，使员工负责的工作区域、机器设备保持干净、整洁。干净、整洁、无污渍的工作环境给人以清爽、舒适的感觉。

2. 清洁的标准

清洁标准可使清洁工作内容和目标更加明确化，因此5S活动人员应根据各部门工作内容、工作环境制定明确的清洁标准，以指导各部门清洁工作，见表3-9。

表 3-9　清洁标准

项次	检查项目	等级	得分	考核标准
1	通道和作业区	1级	0	没有划分区域
		2级	2	画线清楚，地面未清扫
		3级	5	通道及作业区干净、整洁，感觉舒畅
2	地面	1级	0	有污垢，有水渍、油渍
		2级	2	没有污垢，有部分痕迹，显得不干净
		3级	5	地面干净、亮丽，感觉舒畅
3	货架、办公桌、作业台、会议室	1级	0	很脏乱
		2级	2	虽有清理，但还是显得脏乱
		3级	5	任何人都觉得很舒服
4	区域空间	1级	0	阴暗、潮湿
		2级	2	有通风，但照明不足
		3级	5	通风、照明适度，干净、整齐，感觉舒服
备注	1级—差、2级—合格、3级—良好			

3. 清洁与安全的关系

清洁不仅是 5S 活动的基本活动之一，也是防止事故、火灾，保证现场安全的基础。清洁是巩固整理、整顿、清扫的必要手段，应规范清洁管理，落实安全责任。

3.1.5　素养与安全

1. 素养的含义

素养是通过宣传、教育和各种活动，使员工遵守 5S 规范，养成良好习惯，以进一步使企业形成良好文化，其含义如图 3-16 所示。

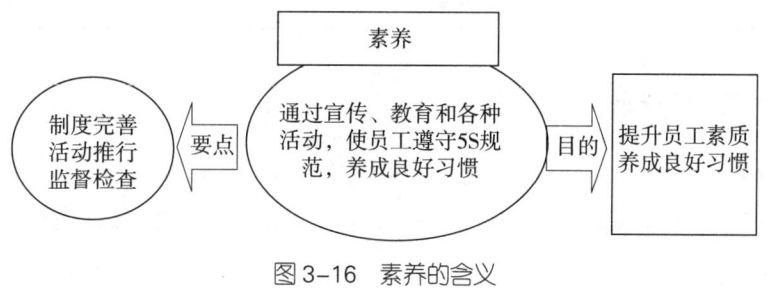

图 3-16　素养的含义

素养的要点是制度完善、活动推行、监督检查。制度完善是指根据企业状况、5S 实施情况等完善现有的规章制度，如厂纪厂规、日常行为规范、5S 工作规范等。活动推行是指通过班前会、员工改善提案等方法的实施，改善现场的工作状况。监督检查是指将定期检查和不定期巡检相结合，加强监督、考核，使各部门人员形成良好的工作习惯和素养。

素养的目的是提升员工素质、养成良好习惯。提升员工素质是指通过制度培训、行为培训、检查监督考核，不断提高员工素质。养成良好习惯是指通过宣传培训、各种活动的施行统一员工行为，促使其养成良好习惯。

2. 素养的表现

素养是指员工具有良好的行为习惯，同时具有良好的个人形象和精神面貌，遵礼仪、有礼貌，其具体表现见表 3-10。

表 3-10　素养的表现

素养内容	具体说明
良好的行为习惯	◎ 员工遵守以下规章制度，形成良好习惯 ● 厂规厂纪，遵守出勤和会议规定 ● 岗位职责、操作规范 ● 工作认真、无不良行为 ◎ 员工遵守 5S 规范，养成良好的工作习惯
良好的个人形象	◎ 员工自觉从以下几方面维护个人形象 ● 着装整洁得体，衣、裤、鞋不得有明显脏污 ● 举止文雅，如乘坐电梯时懂得礼让，上班时主动打招呼 ● 说话有礼貌，使用"请""谢谢"等礼貌用语
良好的精神面貌	◎ 员工工作积极，主动贯彻执行整理、整顿、清扫等制度
遵礼仪、有礼貌	◎ 待人接物诚恳有礼貌 ◎ 互相尊重、互相帮助 ◎ 遵守社会公德，富有责任感，关心他人

3. 素养的实施步骤

5S 活动的最后一个阶段是素养（又称习惯化）活动，即让生产现场的规则、规定、作业方法等成为现场作业人员的习惯，在无意识的状态下也能遵守。素养活动执行步骤如图 3-17 所示。

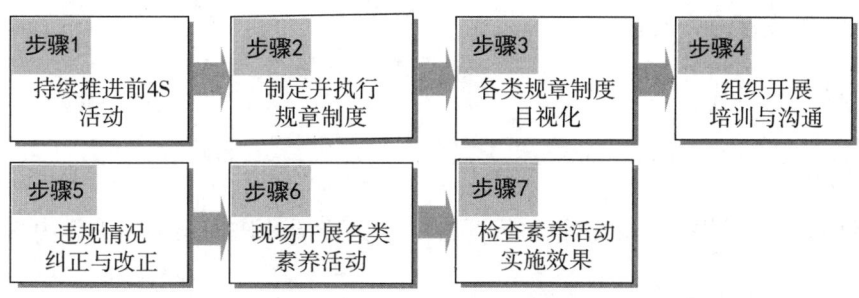

图 3-17 素养活动执行步骤

（1）持续推进前 4S 活动

前 4S 是 5S 活动的基本循环步骤，也是实现第 5 个 "S" 的主要方法。企业可由此让员工实际体验"整洁"作业场所，使员工在无形中养成一种保持整齐、清洁的习惯。前 4S 没有落实，则第 5 个 "S" 也无法达成。

（2）制定并执行规章制度

为保证规章制度的合理性、可执行性，企业管理人员可与生产现场作业人员共同制定相关规章制度，去除不合理或难以执行的制度条款。制定规章制度的步骤如下：

1）总结规章制度执行情况，梳理违反内容。

2）向现场人员调查、了解不执行的原因。

3）同现场人员共同拟定新的规章制度。

4）规章制度公示，鼓励置疑与提问。

5）管理人员以身作则，遵守规章制度。

6）汇总反馈信息，分析并及时修订不合理之处。

7）正式发布并执行新的规章制度。

（3）各类规章制度目视化

规章制度等也应实行目视管理，让规章制度在现场一眼能看到、一看就知道。企业可将规章制度制作成以下 4 种形式，放置在明显、易被看见的地方。

1）制作成管理手册。

2）绘制成图表。

3）制作成标语、看板。

4）设计成卡片。

（4）组织开展培训与沟通

培训与沟通是提升员工素养的重要方法，素养活动培训与沟通工作内容如下：

1）5S 的基本知识与理念教育。

2）日常技能训练，开展各种 5S 活动。

3）对老员工讲解已修订的规章制度。

4）严抓新进人员教育培训，讲解各种规章制度。

5）各部门利用班前会、班后会，进行 5S 教育，养成良好习惯。

（5）违规情况纠正与改正

1）检查人员纠正

检查人员检查发现违反规章制度的情况时，要及时当面给予纠正。纠正时，需实事求是、对事不对人，切忌因对人有偏见而进行指责。

2）现场人员纠正

现场人员纠正后，得到现场作业人员的认可，就能立即改正过来。被纠正的问题得到改善后，现场人员需再次进行检查，直到完全改正为止。

（6）现场开展各类素养活动

5S 活动人员可组织开展各类现场素养活动。班组每日可开展的素养活动很多，一般包括但不限于表 3-11 所列的工作内容。

表 3-11 班组每日素养活动内容

时间阶段	主要内容	对象	负责人	备注
1. 工作开始前	（1）进行清扫检查：房间内外以及前方区域 （2）早操（5～10 min） （3）普及 5S 相关内容（主要问题） （4）传达工作内容 （5）呼喊"三定"、5S 相关口号	全员	监督人	轮流制（循环制）

续表

时间阶段	主要内容	对象	负责人	备注
2. 工作进行中（休息时间前后）	（1）随时进行清扫	每人	全员	另开设检查班
	（2）进行指导、检查	每人	监督人	
	（3）每日活动结果评价会议，分析主要问题的原因，确立对策	监督人	—	
3. 工作结束后	（1）进行清扫、各种物品指定位置归还、地面清扫/设备检查（5~10 min）	全员	监督人	—
	（2）反省会议，根据检查以及会议结果，分析改善相关问题（5~10 min）			

（7）检查素养活动实施效果

素养活动也应经常进行检查，素养活动的检查内容包括以下 3 项，见表 3-12。

表 3-12　素养活动检查项目表

类别	素养检查细则
1. 服装检查	（1）是否穿戴规定的工作服上岗 （2）服装是否整洁、干净 （3）厂牌等是否按规定佩戴整齐，充满活力 （4）工作服是否穿戴整齐，充满活力 （5）鞋子是否干净、无灰尘
2. 仪容、仪表检查	（1）仪容、仪表是否符合要求，充满朝气 （2）是否勤梳理头发，不蓬头垢面
3. 行为规范检查	（1）是否做到举止文明，有修养 （2）能否遵守公共场所的规定 （3）是否做到团结同事，与大家友好沟通、相处 （4）上下班是否互致问候 （5）是否做到工作齐心协力，富有团队精神 （6）是否做到守时，不迟到、不早退 （7）是否在现场张贴、悬挂 5S 活动的标语 （8）现场是否有 5S 活动成果的展示窗或展示栏 （9）是否灵活应用照相或摄像等手段协助 5S 活动的开展 （10）员工是否已经养成遵守各项规定的习惯 （11）车间、班组是否经常开展整理、整顿、清扫、清洁活动

4. 素养与安全的关系

素养不仅是5S活动的基本活动之一，也是防止事故、火灾，保证现场安全的基础。为了提高作业人员的素养，督促其养成良好的习惯，避免习惯性违章，应对作业人员进行培训，平时多检查监督。

3.2 安全风险评估

为进一步规范和加强安全管理，提高安全系统的可靠性，有效监控和治理安全隐患，根据国家颁布的相关安全管理文件要求，应定期进行安全风险评估，以降低事故的发生率。

1. 安全风险评估的内容

安全风险评估的内容包括3个方面，分别是工艺评估、设备评估和作业评估，见表3-13。

表3-13 安全风险评估内容

评估内容	内容说明
工艺评估	◆ 工艺设计评估 ◆ 工艺所需设备名称、容积、温度、设备性能、安全程度，工艺设备的固有缺陷，工艺设备使用材料的种类、性质、危害、使用能量类型及强度等评估
设备评估	◆ 设备安全系数评估 ◆ 安全操作说明文件科学性、合理性评估
作业评估	◆ 作业程序评估 ◆ 作业方法评估 ◆ 作业强度评估 ◆ 作业分割合理性评估

2. 安全风险评估的方法

安全风险评估方法包括定性安全评估法与定量安全评估法两种，见表3-14。

表 3-14 安全风险评估的方法

方法	说明	评估结果	评估方法
定性安全评估法	根据经验对生产系统的工艺、设备、设施、环境、人员和管理等方面的状况进行定性分析	安全评估的结果是一些定性的指标，如是否达到了某项安全指标、事故类别和导致事故发生的因素等	评估方法有安全检查表法、专家现场询问观察法、因素分析法、事故引发和发展分析、作业条件危险性评价法（格雷厄姆·金尼法或LEC法）、故障类型和影响分析、危险与可操作性研究等
定量安全评估法	运用基于大量的实验结果和广泛的事故资料统计分析获得的指标或规律（数学模型），对生产系统的工艺、设备、设施、环境、人员和管理等方面的状况进行定量计算	安全评估的结果是一些定量的指标，如事故发生的概率、事故的伤害（或破坏）范围、定量的危险性、事故致因因素的关联度或重要度等	评估方法主要包括概率风险评价法、伤害（或破坏）范围评价法、危险指数评价法

3.3 常见作业安全

3.3.1 动火作业安全

1. 动火作业的含义

动火作业主要是指厂区内进行焊接、切割、加热、打磨以及在易燃易爆场所使用电钻、砂轮等可能产生火焰、火星、火花和炽热表面的临时性作业，主要分为一级动火作业、二级动火作业和三级动火作业。

（1）一级动火作业

这是指在生产运行状态下的易燃易爆物品生产装置、输送管道、储罐容器等部位及其他特殊危险场所的动火作业。

（2）二级动火作业

这是指在易燃易爆场所进行的动火作业。

（3）三级动火作业

这是指除一级动火作业和二级动火作业以外的动火作业。

2. 动火作业安全防范要求

（1）动火作业前的安全准备工作

1）动火作业必须按动火等级办理动火证。

2）动火前要和有关生产车间、班组联系好，明确动火的设备、位置。

3）动火作业的操作必须符合国家有关法律法规及标准要求，遵守本厂相关的安全生产管理制度和操作规程。

4）动火前要由专人负责做好动火设备的置换、中和、清洗、吹扫、隔离等工作，并落实其他安全措施。

5）动火前应将动火作业周围的一切可燃物转移到安全场所。对确实无条件移走的可燃品、动火时可能影响或损害的设备和工具，操作者必须用严密的铁板、石棉瓦、防火屏风等将动火区域与外部区域、火种与需保护的设备有效地隔离隔绝。现场备好灭火器材和水源，必要时可不定期将现场洒水浸湿。

6）动火前有关部门的负责人要到现场进行检查，落实安全措施，并指定现场监护人员进行动火指挥，交代安全事项，确保动火区域保持整洁，无易燃可燃品。

7）动火前应做动火分析，不能早于动火前半小时。动火分析试样要保留到动火作业技术部门，分析结果要做记录，分析人员要在分析报告单上签字。

8）动火前必须检查、分析容器、设备、管道中的化学品性质及周围环境，利用空气、氮气、氩气、水蒸气、水等经过充分的吹扫、清洗、置换后，经反复确认无危险隐患后，方可动火。

（2）动火作业中的防范要求

1）动火作业应由经安全考试合格的人员担任，特种作业要由工种考试合格的人员担任，无合格证者不能独立进行动火作业。

2）动火作业出现异常时，监护人员或动火指挥应果断命令停止作业，并采取措施；待恢复正常，重新分析合格并经原审批部门审批后，才能重新动火。

3）凡盛装过油品、油漆稀料、可燃气体、其他可燃介质、有毒介质等化学品及高压、高温的容器、设备、管道，严禁盲目动火，凡是可动可不动的动火一律不动，凡能拆下来的一定拆下来移到安全的地方动火。

4）特殊情况下必须动火时，要保证容器、设备、管道处于常温、常压状态，通过切断、加装符合要求的盲板等措施保证动火设备或管道与生产系统的物料彻底隔离。

5）使用气焊、气割动火作业时，氧气瓶与乙炔气瓶、丙烷气瓶间距不小于5 m，二者与动火作业点须保持不少于10 m的安全距离，气瓶严禁在阳光下暴晒，氧气瓶口及减压阀阀门处不得沾染油脂、油污，乙炔气瓶严禁横躺卧放；运输、储存、使用气瓶时，严禁碰撞、敲击、剧烈滚动，且气瓶要放置牢固，防止气瓶倾倒。

3. 动火作业结束后的处理

（1）动火作业结束后，应仔细清理现场，熄灭余火，不许遗漏任何火种，并切断动火作业的电源。

（2）动火作业结束后，操作人员必须对周围现场进行安全确认，整理、整顿现场，在确认无任何火源隐患的情况下，方可离开现场。

4. 动火作业的操作程序

（1）动火作业前必须经安全部门进行安全确认，动火申请部门或操作人员协助确认，经安全部门确认许可，落实《动火作业许可证》（见表3-15）要求及有关防范措施后，操作人员方可进行动火作业。

（2）安全部门应组织操作人员进行危害辨识，制定安全动火方案，落实防火安全措施。

（3）在易燃易爆场所，挥发性气体气味较浓时，严禁动火，应打开门窗，保持良好的通风置换，在无明显气味时方可动火。

（4）申请部门必须按规定负责组织、办理《动火作业许可证》，严格落实"三不动火"原则，即没有经批准的《动火作业许可证》不动火，防火安全措施不落实不动火，现场无人监护不动火。

表3-15 动火作业许可证

申请日期			申请部门	
动火种类			动火地点	
动火现场负责人		动火人		动火监护人	
动火时间	___年___月___日___时___分至___时___分			
审查结果	□准予动火　□不准动火			

动火前应确认项目	结果
已判定现场无缺氧、中毒、火灾、爆炸、触电、掩埋等潜在危害	□是　□否　□不适用
已办妥动火作业警告标识	□是　□否　□不适用
已指定动火现场负责人，负责安全、消防及紧急情况	□是　□否　□不适用
动火现场可燃物或可燃设备已移开或已加设隔热装置，避免与高温、火花或熔渣接触	□是　□否　□不适用
已清除储槽或管线中的易燃易爆气体，如油气、乙醇蒸气等，并关闭管路	□是　□否　□不适用
是否采取措施预防火花或热熔渣掉落进入附近受限空间（密闭空间、部分开放空间或导管等），避免导致该处可燃物燃烧或爆炸	□是　□否　□不适用
是否采取措施预防加热金属表面时因热传导引起火灾	□是　□否　□不适用
已经向相关人员教授标准作业程序	□是　□否　□不适用
已准备好安全设备，如面罩、灭火器、灭火毯、警报装置、通风设备、防护衣物、紧急通信设备以及联络应急人员	□是　□否　□不适用
已准备好氧气及可燃性气体探测器	□是　□否　□不适用
其他应确认项目	□是　□否　□不适用

申请人：　　　　　　　　审核人：

（5）安全部门负责组织、落实动火监护人员，动火监护人员要严格履行看火职责，及时处理、消除火灾隐患。

5. 其他动火作业的安全要求

（1）油罐带油动火作业的安全要求

1）在油面以上不许带油动火。

2）动火前用铅或石棉绳将裂缝塞严，外面用钢板补焊。

3）补焊前应进行壁厚测定，作业时防止罐壁被烧穿，引起冒油着火。

（2）油管带油动火作业的安全要求

在油管破裂而生产系统又无法停下来的情况下的动火作业，安全操作须注意以下5点：

1）补焊前应进行壁厚测定，作业时防止管壁被烧穿，引起冒油着火。

2）清理周围现场，移去一切可燃物。

3）用不燃挡板控制火星飞溅，准备好消防器材，做好火灾扑救准备。

4）对邻近油罐、油管做好防范措施，动火前用铅或石棉绳将裂缝塞严，外面用钢板补焊。

5）对周围空气进行分析，合格后才能动火。

（3）带压不置换动火作业的安全要求

这是指对易燃、易爆、有毒气体的低压设备、容器、管道进行带压不置换动火作业，其安全操作须注意以下4点：

1）动火作业必须保证在正压下进行，防止空气吸入发生爆炸。

2）必须严格保证系统内的氧含量在爆炸极限之外，达到安全标准。

3）补焊前应进行壁厚测定，保证补焊时不被烧穿。

4）补焊前应对泄漏处周围的空气进行分析，防止动火时发生爆炸和中毒。

3.3.2 焊接作业安全

1. 焊接作业一般安全要求

在进行焊接作业时，应遵守以下安全要求：

（1）参加焊接作业的人员，须经过安全技术培训、考试合格取得特种作业合格证后，方能上岗。

（2）采取防止触电、爆炸、火灾、坠落及灼伤的安全措施。

（3）工作场所要保持适当通风，排除有害气体及烟尘。

（4）在人员密集的场所进行焊接作业，要设置挡光屏。

（5）在工作开始前检查焊接工作区域，要确认在 5 m 范围内及其下方不会因火花飞溅接触到易燃物品。如不能保证时，必须设监护人。

（6）确保焊接工作区域附近在紧急情况下能快速拿到合适的灭火器。如不能保证时，要向班组长提出，使问题得到解决。

（7）工作结束后，必须切断电源或关闭气阀，并清理现场；检查工作场所周围，确认无起火危险后方可离开。

2. 电焊作业要求

在进行电焊作业时，应遵守 3 项作业要求，如图 3-18 所示。

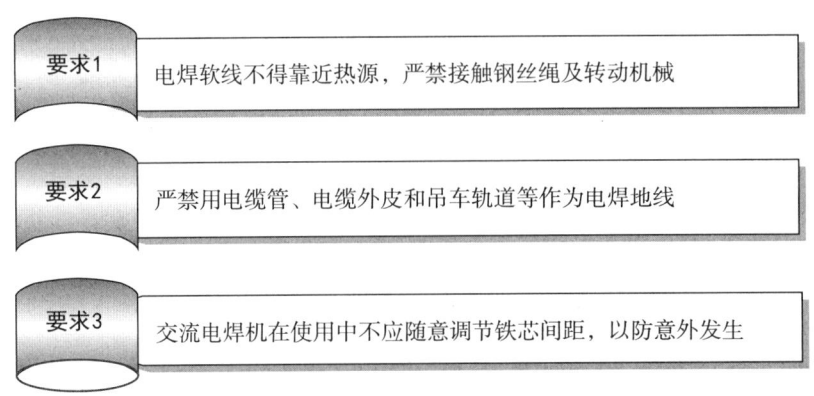

图 3-18　电焊作业要求

3. 气焊与气割作业要求

作业人员在进行气焊与气割作业时，应遵守 8 项基本要求，如图 3-19 所示。

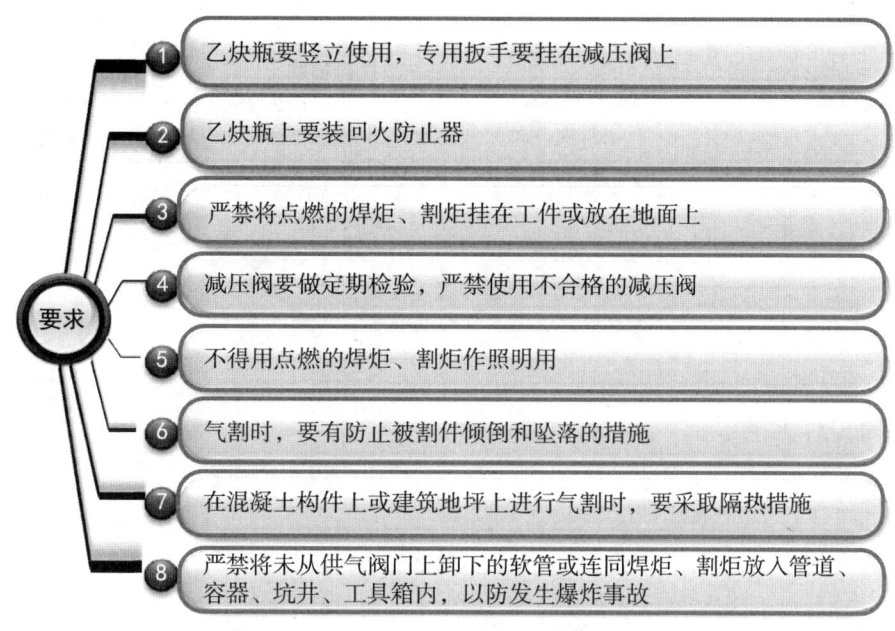

图3-19 气焊与气割作业要求

3.3.3 高处作业安全

1. 高处作业的种类

高处作业是指人在以一定位置为基准的高处进行的作业。国家标准《高处作业分级》（GB/T 3608—2008）规定：凡在坠落高度基准面2 m以上（含2 m）有可能坠落的高处进行作业，都称为高处作业。

高处作业分为一般高处作业和特殊高处作业两种，见表3-16。

表3-16 高处作业的种类

高处作业的种类	具体说明
一般高处作业	◇ 指除特殊高处作业以外的高处作业
特殊高处作业	◇ 在阵风风力六级（风速10.8 m/s）以上的情况下进行的高处作业，称为强风高处作业
	◇ 在高温或低温环境下进行的高处作业，称为异温高处作业
	◇ 降雪时进行的高处作业，称为雪天高处作业
	◇ 降雨时进行的高处作业，称为雨天高处作业
	◇ 室外完全采用人工照明时进行的高处作业，称为夜间高处作业

续表

高处作业的种类	具体说明
特殊高处作业	◇ 在接近或接触带电体条件下进行的高处作业，统称为带电高处作业
	◇ 在无立足点或无牢靠立足点的条件下进行的高处作业，统称为悬空高处作业
	◇ 对突然发生的各种灾害事故，进行抢救的高处作业，称为抢救高处作业

2. 高处作业的级别

（1）高处作业高度分为 2～5 m、5～15 m、15～30 m、30 m 以上 4 个区段。

（2）直接引起坠落的客观因素有以下几种：

1）阵风风力 5 级（风速 8.0 m/s）以上。

2）平均气温小于等于 5 ℃的作业环境。

3）接触冷水温度小于等于 12 ℃的作业。

4）作业场所有冰、雪、霜、水、油等易滑物的作业。

5）作业场所光线不足，能见度差。

6）作业活动范围与危险电压带电体的距离小于表 3-17 规定的。

表 3-17 作业活动范围与危险电压带电体的距离规定

危险电压带电体的电压等级 /kV	距离 /m
≤ 10	1.7
35	2.0
63～110	2.5
220	4.0
330	5.0
500	6.0

7）摆动，立足处不是平面或只有很小的平面，即任一边小于 500 mm 的矩形平面、直径小于 500 mm 的圆形平面或具有类似尺寸的其他形状的平面，致使作业

者无法维持正常姿势。

8）存在有毒气体或空气中氧体积含量低于 19.5% 的作业环境。

9）可能会引起各种灾害事故的作业环境和抢救发生的各种灾害事故。

（3）不存在上述的任一种直接引起坠落的客观因素的高处作业按表 3-18 中的 A 类分级，存在一种或一种以上的，按 B 类分级。

表 3-18　高处作业的级别划分

级别	2 m ≤ h <5 m	5 m ≤ h <15 m	15 m ≤ h <30 m	h ≥ 30 m
A	Ⅰ	Ⅱ	Ⅲ	Ⅳ
B	Ⅱ	Ⅲ	Ⅳ	Ⅳ

3. 高处作业的安全要求

高处作业的安全要求如图 3-20 所示。

要求1
高处作业中，所用物料应堆放平稳，不得妨碍通道，高空拆下的物体、余料和废料，不得向下抛掷

要求2
高处作业必须系安全带，安全带应挂在牢固的物体上，严禁在一个物体上拴挂几根安全带或一根安全绳上拴几个人

要求3
设置在建筑结构上的直爬梯及其他登高攀件，必须牢固

要求4
移动式梯子在使用中，应确保梯脚坚实，梯子上端有固定措施，人字梯铰链必须牢固，且在同一架梯子上的工人不得同时作业

要求5
高处作业不得上下重叠，高处作业的设施使用前应检查；高处作业人员不得坐在平台的边缘，不得站在梯杆的外侧；进入施工现场的任何人员必须按标准戴好安全帽

图 3-20　高处作业的安全要求

4. 正确使用梯子的方法

正确使用梯子，对高处作业人员起到保护作用至关重要，具体要求如下：

(1)梯子要稳固,并满足高处作业的高度要求。

(2)踏步步距在 30 ~ 40 cm,梯子与地面的角度应保持 50°~ 60°。

(3)梯子至少应伸出平台 1 m 或高于人员工作时可能站立的踏步以上 1 m。

(4)梯子底脚要设防滑装置,人字梯应拴好下端的挂索。

(5)梯子上只允许一人通行,攀登梯子时,手中不得携带工具或物件,登梯前鞋底要清理干净。

3.3.4 吊装作业安全

1. 吊装作业安全规定

吊装作业是指所有利用吊装机械或吊装工具移动重物的操作活动。除了利用吊装机械搬运重物以外,使用吊装工具,如千斤顶、滑轮、手拉葫芦、自制吊架、各种绳索等,垂直升降或水平移动重物,均属于吊装作业范畴。

为了确保吊装运输生产过程的安全,吊装作业人员应遵守 10 项安全规定,如图 3-21 所示。

吊装作业人员应经过专业培训,并经考试合格持有特种作业证,方能参加吊装操作

吊装作业人员在工作前必须戴好安全帽,并对投入作业的机械设备严格检查,确保完好、可靠

现场指挥信号要统一、明确,坚决反对瞎指挥

使用的动力设备,必须接地,且绝缘良好;移动灯具,应使用安全电压

工作用具必须捆绑牢固,经试吊确认无问题后,方可起吊

使用起重扒杆定位要正确,封底要牢靠,不允许在受力后产生有危险的扭、弯等现象

使用缆绳应不少于3根,并不准在电线杆、机电设备和管道支架上系结

吊装区域周围应设置警戒线,严禁非工作人员通行;遇6级以上大风时,严禁露天作业

在吊装物件就位固定前,不准在索具受力或被吊物悬空的情况下中断工作

被吊物悬空时,严禁行人在吊物、吊臂下停留或穿行

图 3-21 吊装作业安全规定

2. 使用吊钩的注意事项

使用吊钩时，应注意以下事项：

（1）吊钩、吊环表面应该光滑，根据载物的重量，在使用 1～3 年后，须进行一次检查。

（2）当发现吊钩危险断面磨损程度超过 10% 时，应降低载荷使用。

（3）吊钩的负荷试验：将额定起重量 125% 的重物悬挂于吊钩 10 min，卸载后测量钩口，如果吊钩有永久变形和裂纹，则应更新或降低负荷使用。

3. 吊装机械常用的安全保护装置

吊装机械常用的安全保护装置包括 3 种，见表 3-19。

表 3-19　吊装机械常用的安全保护装置

保护内容	安全保护装置
限制起重量或起重力矩的装置	◇ 起重量限制器、起重力矩限制器
限制工作范围界限的装置	◇ 起升高度限制器、行程限制器
保证正常吊装工作的装置	◇ 制动器、极限力矩联轴器、起重机防碰撞装置、运行偏斜指示与调整装置、缓冲器、防滑装置、安全开关、紧急开关等

3.3.5　受限空间作业安全

1. 受限空间作业安全要求

受限空间是指在密闭或半密闭，进出口较为狭窄，未被设计为固定工作场所，自然通风不良，易造成有毒有害、易燃易爆物质积聚或氧含量不足的空间。例如，深基坑的肥槽、地下工程、隧道、管道、容器等。作业人员在受限空间作业时，应注意作业安全，遵守规章规定，作业安全要求如图 3-22 所示。

2. 受限空间危险气体检测方法

在受限空间作业时，应预防空间狭小所造成的有害气体中毒。因此，在进行作业前，作业人员应对受限空间的气体进行检测，具体做法如下：

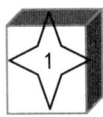 进行受限空间作业的特种作业人员需持有相应的资格证书,无证人员禁止上岗作业

 作业时必须按规定正确使用个人防护用品

 必须严格对受限空间内部可能存在的危害因素进行检测,检测指标应当包括氧浓度值、易燃易爆物质浓度值、有毒有害气体浓度值等

 作业前强制通风不少于30min,作业中每隔2h进行一次强制通风,可采取强制性持续通风措施降低危险性,保持空气流通

 对可能产生有害气体或进行内防腐处理的受限空间作业时,每隔30min必须进行分析,如有一项不合格以及出现其他异常情况,应立即停止作业并撤离作业人员

 受限空间作业时应在受限空间入口处设置醒目的警示标志,告知正有人员作业及存在的危害因素和防控措施

 进入密闭空间作业时,应当至少有两人同行和工作;若空间只能容一人作业时,监护人应随时与正在作业的人员取得联系,做预防性防护

图 3-22 受限空间作业安全要求

(1)采用空气收集器,选定有代表性的、空气中有害物质浓度最高的工作地点作为重点采样点。

(2)将空气收集器的进气口尽量安装在劳动者工作时的呼吸带。

(3)要在空气中有害物质不同浓度的时段分别进行采样,并记录每个时段劳动者的工作时间,采样时间一般间隔 15 min。

(4)计算空气中有害物质 8 h 时间加权平均浓度值。未经检测或检测不合格的,严禁作业人员进入受限空间进行施工作业。

3.3.6 电气作业安全

1. 电气操作人员的选任标准

(1)电气作业必须由经过专业培训,考试合格,持有相关证件的人员担任。

(2)电气作业人员因故间断电气工作连续 6 个月以上者,必须重新考试合格,

方能工作。

（3）外单位派来或外单位借调过来的电气作业人员，应持有电气工作安全考核合格证。

（4）电气作业人员必须严格执行国家的安全作业规定，熟悉有关消防知识，能正确使用消防用具和设备，熟知人身触电紧急救护方法。

2. 一般安全用电的基本常识

（1）易燃易爆场所的电气设备和线路的运行及检修，必须按照国家有关标准执行。

（2）电气设备必须安装可靠的接地（接零）、防雷和防静电设施，并定期检测。

（3）变配电所及电工班要根据本岗位的实际情况和季节特点，制定、完善各项规章制度和相应的岗位责任制。做好预防工作和安全检查，发现问题及时消除。

（4）发现电气故障和漏电起火时，要立即切断电源开关，在未切断电源之前，不要用水基或酸、碱泡沫灭火器灭火。

3. 电气安全用具的保管

（1）存放用具的地方要干净、通风良好，无任何杂物堆放。

（2）橡胶制品的工具不能与油类接触，绝缘手套类用具应存放在柜子里，注意防潮和防污。

（3）绝缘手套应垂直存放，验电器用过后应存放在盒内，注意防潮。

（4）应正确使用安全用具，不可以作为他用。

4. 各类电气作业的安全操作

（1）高压电气的安全操作

1）高压设备停电或检修及主要电气设备大、中检修，高低压架空线路检修，都必须按照国家有关规定办理工作票及各种票证。

2）工作票签发人必须按工作票内容一项不漏地填写清楚，若发现缺项漏填、字迹潦草难辨或有涂改,该工作票视为无效。

3)检修人员接到工作票后,要认真进行查看,确认没有差错后,按要求严格执行,若不按工作票操作,造成事故,由检修人员负责。

4)检修人员发现工作票有问题,可当面提出,请求更改,如不更正造成事故由最后指令人负责。

5)在紧急、特殊情况(如危害人身安全或重大损失)来不及办理工作票,可由总经理直接向负责人下达口头命令或电话命令进行倒闸操作,操作人员必须做好记录备查。

(2)电气检修的安全操作

1)凡检修的电气设备停电后,必须进行验电,验电器应符合电压等级,高压部分验电必须戴绝缘手套,确认无电后,接好接地线,手持绝缘棒进行对地放电,放电时戴防护眼镜。

2)在停电线路的刀开关手柄上,悬挂"禁止合闸、有人工作"的警告牌,在不停电部位的安全围栏外应悬挂"高压有电、禁止入内"的标志牌。

3)对停电超过 4 h 有保险器装置的关键设备应将保险装置拔掉。

4)检修工作结束后,拆除接地线,人员撤离现场,交回工作票,摘掉警告牌后方准恢复送电。

5)禁止带电作业,特殊情况经负责人许可采取安全措施后方可作业。

(3)架空线路的安全操作

1)架空线及线杆在检修之前,必须由班长或负责人全面检查,确保无缺陷,不危及人身安全和作业安全后方可进行作业。

2)架空线路登高作业,必须执行高处作业规定。登杆器具要由专人认真检查是否完好可靠,上下传递货物要用小绳,杆下应设监护人,严禁非工作人员进入作业区,监护人员必须戴安全帽,并要保持一定距离,避免操作人员掉下物品,造成伤亡事故。

3)在高低压同杆线路上作业,在一条线路带电的情况下,应采取安全措施,报负责人批准后,才能进行作业。

4）两条或两条以上同杆低压线路在生产抢修时，必须由负责人在现场进行监护，才能进行此项作业。

5）架空导线最小截面积（铝导线）不小于 16 mm^2，架空导线最大垂度最低点与地面距离不小于 7 m，高低压线路之间距离不小于 1.2 m。

6）遇五级以上大风时，严禁在架空线上作业。

（4）配线和钢管安全操作

1）配线管选择：多根导线穿管时，导线截面积的总和不应超过管内截面的 40%，穿线管弯曲半径应大于管直径的 6 倍（严禁弯曲部分用弯头代替）。

2）不同电压等级、不同回路、强电与弱电、交流与直流的导线严禁穿在同一管内，管内导线严禁有接头。

3）所有钢管配线均应做好接地保护，配线接头处应做好接地连接线。

3.3.7 临时用电作业安全

1. 临时用电的含义

临时用电是指非标准设计配置的，在正式运行的电源上所接的非永久性用电，即除按标准成套配置的，有插头、连线、插座的专用接线排和接线盘以外的所有其他用于临时性用电的电缆、电线、电气开关、设备等（以下简称临时用电线路）。超过 6 个月的用电，不能视为临时用电，必须按照相关工程设计规范配置线路。

2. 临时用电作业的危险

临时用电作业时，如果没有有效的个体防护装备和防护措施、设备，容易发生触电、电弧烧伤等事故，造成人员伤亡，同时还有可能造成火灾、爆炸。

3. 临时用电作业职责

（1）作业负责人职责

负责按规定办理《临时用电作业安全许可证》，制定安全措施并监督实施，组织安排作业人员，对作业人员进行安全教育，确保作业安全。

（2）作业人员职责

应遵守用电和临时用电作业安全管理规定，按规定穿戴个体防护装备和安全保护用具，认真执行安全措施，在安全措施不完善或没有办理有效许可证时应拒绝临时用电作业。

（3）作业所在区域负责人职责

同作业负责人检查落实现场作业安全措施，确保作业场所符合临时用电作业安全规定。

（4）审批签字人的职责

到现场对临时用电作业的组织、安全措施等的落实进行核实，对签字行为和后果负责。

4. 临时用电作业安全要求

临时用电作业安全要求如下：

（1）安装、拆除或维修临时用电线路应由电气专业人员进行。

（2）在开关上安装、拆除临时用电线路时，其上一级开关应断电上锁，并加挂安全警示标牌。

（3）在运行的生产装置、罐区和火灾爆炸危险场所内不应接临时电源，确需时应对周围环境进行可燃气体检测分析并符合规范要求。

（4）临时用电线路应有防雨、防潮、接地、漏电保护。

（5）经过有高温、振动、腐蚀、积水及机械损伤等危害的部位，不得有接头，并应采取相应的保护措施。

（6）动力和照明线路应分路设置。

（7）临时用电的配电盘/箱应有安全警示标识，盘、箱、门应能牢靠关闭并能上锁。

（8）移动设备、手持式电动工具应逐个配置漏电保护器和电源开关。

（9）行灯电压不应超过36 V；在特别潮湿的场所或塔、釜、槽、罐等金属设备内作业，临时照明行灯电压不应超过12 V。

（10）火灾爆炸危险场所应使用相应防爆等级的电源及电气元件，并采取相应的防爆安全措施。

（11）临时用电线路应由电气专业人员检查合格后方可使用，搬迁或移动后应再次检查确认。

5.《临时用电作业安全许可证》

（1）《临时用电作业安全许可证》的办理应执行作业许可的相关管理规定。

（2）《临时用电作业安全许可证》的有效期一般为 5 天，最长为一周；有效期内应每天进行用电线路安全确认并签字。

（3）临时用电作业涉及动火、高处、进入受限空间等作业时，应同时办理相关许可证。

3.3.8 动土作业安全

1. 动土作业的含义

动土作业是指在厂区、装置范围内进行挖土、打桩、钻探、坑探、地锚入土深度在 0.5 m 以上，使用推土机、压路机等施工机械进行填土或平整场地等可能对地下隐蔽设施产生影响的作业。

2. 动土方案应考虑的内容

动土方案应考虑的内容如下：

（1）附近的振动源。

（2）挖出物及施工材料的存放。

（3）地表水和地下水。

（4）对土壤和水的污染。

（5）有毒有害气体、液体的排放（泄漏）。

（6）隐蔽电气、管网等设施的分布。

（7）邻近的建筑结构及其状况。

（8）架空的公用设施。

(9)使用的工器具。

(10)交通状况。

(11)土质类型。

(12)气候。

3.动土作业安全要求

动土作业的安全要求如下：

(1)办理许可证。

(2)进行安全教育。

(3)设立警示标志。

(4)检查工器具及现场环境。

(5)执行挖掘坑、槽、井、沟等的安全规定。

(6)确保作业过程安全。

(7)完工验收。

即学即用

1.5S是什么？它给你的工作带来了什么？

2. 5S 应该如何去做？它的最高境界是什么？你有信心做到吗？

3. 你的工作主要涉及哪方面的作业安全？你的企业是否做到了此方面的作业安全？

第4章 消防与用电安全

4.1 消防安全

4.1.1 消防安全管理

企业应设置消防安全组织体系，明确组织内部相关人员的管理职责，使消防人员各司其职，同时使消防管理工作有章可循。了解消防安全组织对新入职员工在消防事件的处理上具有重要意义。

1. 消防安全组织的设置

消防安全组织主要由消防领导小组、消防队、消防应急抢救小组、消防教育体系、消防检查体系构成，见表4-1。

表4-1 消防组织的设计

组成部分	设计目的
消防领导小组	负责整个消防安全体系
消防队	负责火灾的灭火工作
消防应急抢救小组	承担火灾时的财产、伤病人员的抢救工作
消防教育体系	定期和不定期地对员工进行消防知识和消防制度的教育，提高全员消防意识
消防检查体系	定期开展消防检查

2. 消防安全组织结构图

为了让员工更快了解消防组织结构,图 4-1 展示了某公司的消防组织结构图。

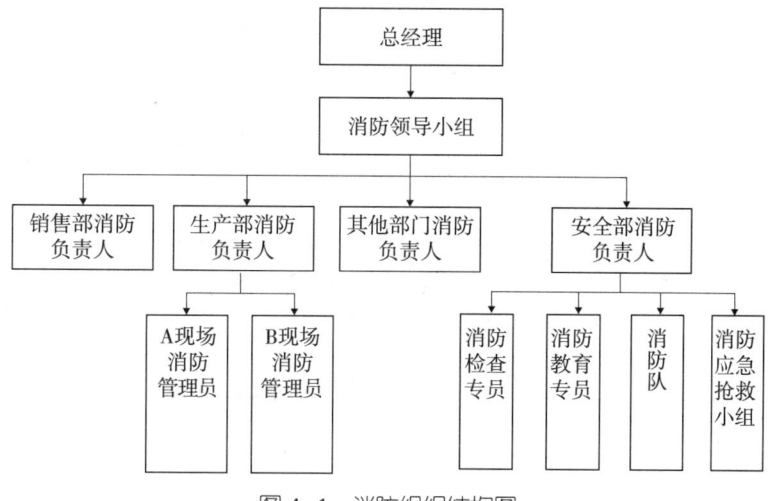

图 4-1　消防组织结构图

3. 消防安全监督检查

(1) 消防安全监督检查内容

消防安全监督检查内容主要包括消防设施管理、消防设备管理、火源电源管理、消防安全管理等内容的检查,见表 4-2。

表 4-2　消防安全监督检查内容

检查项目	检查内容
消防设施管理	防火分区、防烟分区是否按规范要求设置 消防安全通道、安全出口、紧急疏散通道设置是否符合要求,是否畅通 疏散门是否向疏散方向开启,防火卷帘下方是否堆放物品 消防车道是否畅通
消防设备管理	室外消防给水是否符合规范要求 室内外消火栓有无被埋压圈占现象 自动报警、灭火装置、防排烟系统是否灵敏有效 灭火器材配置类型、数量是否符合规范要求 灭火器材是否配置了明显的疏散指示标志,重点部位是否设置了明显标示 是否按要求设置火灾事故应急照明灯、事故广播系统 操作人员是否经过消防培训、持证上岗 消防设施是否落实了检查、维修、保养制度

续表

检查项目	检查内容
火源电源管理	电气线路敷设是否符合相关消防规定 消防用电设备是否采用单独供电回路 禁烟部位有无吸烟和明火照明现象
消防安全管理	是否落实了消防安全管理制度和逐级岗位责任制 是否明确了作业现场的消防安全负责人 车间是否建立消防档案 是否建立自查制度，制定消除火灾隐患措施 火灾隐患是否按期落实整改或整改期间有无消防安全措施 是否存放易燃易爆危险物品 是否制定了灭火预案、应急疏散方案，是否定期演练

（2）消防安全监督检查方法

消防安全检查人员可通过以下方法，检查相关人员的消防安全管理是否到位，消防设施和设备是否完善等，如图4-2所示。

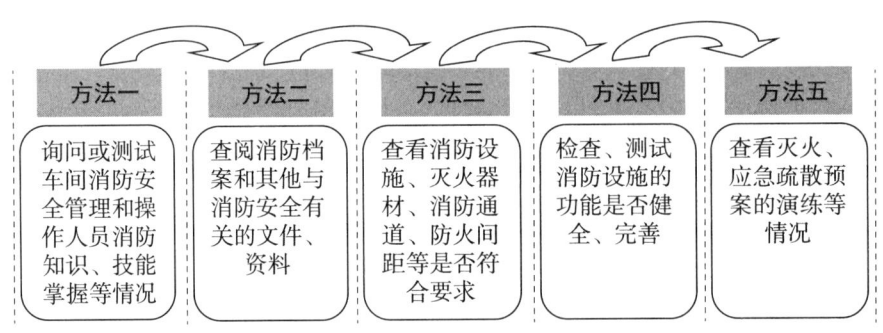

图4-2　消防安全监督检查方法

4.消防安全班组演练

（1）消防安全演练原则

消防安全演练以符合国家相关规定，并且符合实际的需求为原则来进行，如图4-3所示。

（2）消防安全演练内容

消防安全演练须按照火灾有可能发生的实际情况进行模拟演练，演练内容见表4-3。

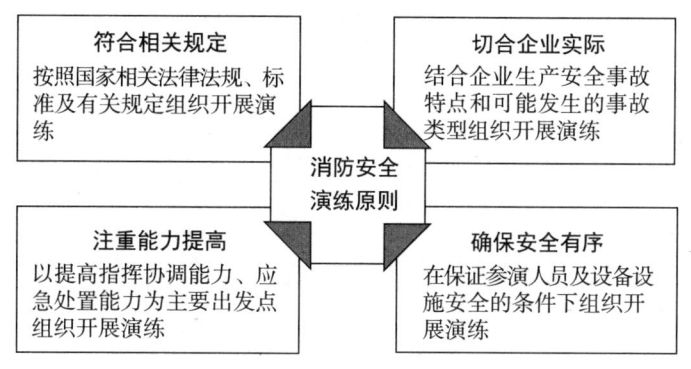

图 4-3 消防安全演练原则

表 4-3 消防安全演练内容

内容	具体说明
预警与报告	根据事故情景，向相关部门或人员发出预警信息，并报告事故情况
指挥与协调	根据事故情景，成立应急指挥部，调集应急救援队伍和相关资源，开展应急救援行动
应急通信	根据事故情景，在应急救援相关部门或人员之间进行音频、视频信号或数据信息互通
事故监测	根据事故情景，对事故现场进行观察、分析或测定，确定事故严重程度、影响范围和变化趋势等
警戒与管制	根据事故情景，建立应急处置现场警戒区域，实行交通管制，维护现场秩序
疏散与安置	根据事故情景，对事故可能波及范围内的相关人员进行疏散、转移和安置
医疗卫生	根据事故情景，调集医疗卫生专家和卫生应急队伍开展紧急医学救援，并开展卫生监测和防疫工作
现场处置	根据事故情景，按照相关应急预案和应急指挥部要求对事故现场进行控制和处理
社会沟通	根据事故情景，召开新闻发布会或事故情况通报会，通报事故有关情况
后期处置	根据事故情景，应急处置结束后，对事故损失进行评估、事故原因进行调查、事故现场进行清理和相关善后工作的开展

（3）消防安全演练过程

消防安全演练的过程分为演练计划阶段、演练准备阶段、演练实施阶段 3 个阶段，其具体的步骤见表 4-4。

表 4-4 消防安全演练过程

阶段	步骤	具体说明
演练计划	—	演练计划应包括演练目的、类型（形式）、时间、地点、演练主要内容、参演单位和经费预算等
演练准备	成立演练组织机构	综合演练通常成立演练领导小组，下设策划组、执行组、保障组、评估组等专业工作组 根据演练规模大小，演练领导小组的组织机构可进行适当调整
演练准备	编制演练文件	演练文件主要包括演练工作方案、演练脚本、演练评估方案、演练保障方案、演练观摩手册
演练实施	熟悉演练任务和角色	各参演单位和参演人员熟悉各自的参演任务和角色，并按照演练方案要求组织开展相应的演练准备工作
演练实施	组织预演	在应急演练前，演练组织单位或策划人员可按照演练方案或脚本组织桌面演练或合成预演，熟悉演练实施过程的各个环节
演练实施	安全检查	确认演练所需的工具、设备、设施、技术资料以及参演人员到位 对应急演练安全保障方案以及设备、设施进行检查确认，确保安全保障方案可行，所有设备、设施完好
演练实施	应急演练	应急演练总指挥下达演练开始指令后，参演单位和人员按照设定的事故情景，实施相应的应急响应行动，直至完成全部演练任务 演练实施过程中出现特殊或意外情况，演练总指挥可决定中止演练
演练实施	演练记录	演练实施过程中，安排专门人员采用文字、照片和音像等手段记录演练过程
演练实施	现场评估	演练评估人员根据演练事故情景设计以及具体分工，在演练实施过程中开展演练评估工作 演练评估人员收集演练评估需要的各种信息和资料，指出演练中发现的问题或不足
演练实施	演练结束	演练总指挥宣布演练结束，参演人员按预定方案集中进行现场讲评或有序疏散

4.1.2 火灾的预防、识别、扑救、逃生

1. 火灾的预防措施

（1）燃烧的条件

燃烧必须同时具备 3 个条件，即可燃物、助燃物和着火源，缺少任何一个条件都不会发生燃烧。燃烧的条件如图 4-4 所示。

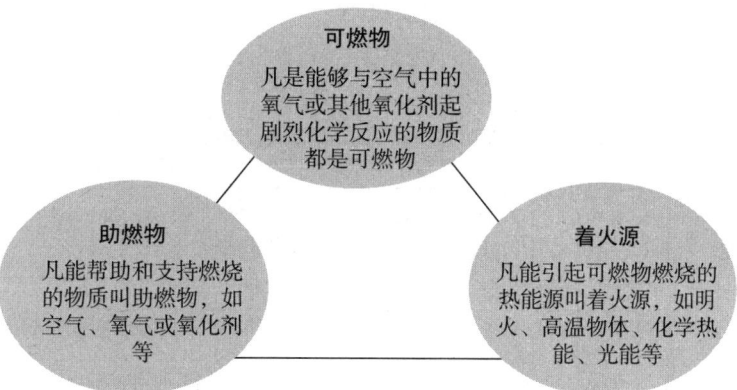

图 4-4 发生燃烧的条件

（2）防火的基本措施

预防火灾的发生，可通过控制可燃物、隔绝助燃物、消除着火源、阻止火势蔓延等措施来进行，防火的基本措施及具体说明见表 4-5。

表 4-5 防火的基本措施及具体说明

措施	具体说明
控制可燃物	用非燃或不燃材料代替易燃或可燃材料；采取局部通风或全部通风的方法，降低可燃气体、蒸气和粉尘的浓度；对能相互作用发生化学反应的物品分开存放
隔绝助燃物	使可燃性气体、液体、固体不与空气、氧气或其他氧化剂等助燃物接触，即使有着火源，也因为没有助燃物参与而不致发生燃烧
消除着火源	严格控制明火、电火花及防止静电、雷击
阻止火势蔓延	防止火焰或火星等火源窜入有燃烧爆炸危险的设备、管道或空间，或阻止火焰在设备和管道中扩展，或把燃烧限制在一定范围不致向外延烧

2. 常见火灾的预防

（1）电气防火

电气引发的火灾是作业现场最常见的火灾现象之一。

电气线路发生火灾，主要是线路短路、超负荷运行以及导线接触电阻过大等，产生电火花、电弧或引起导线过热所造成的。

防止电气线路的火灾发生，可采取如图 4-5 所示的防火措施。

设计合理	◆要正确选择线路路径，尽量走近路、直路，避免曲折迂回，减少交叉跨越 ◆根据其具体环境特点，正确选用导线的类型，通常应考虑防湿、防潮、防热、防腐等因素，防止发生火灾事故
布线符合要求	◆在实际生产中，电气设备所处的环境不同，要求使用的导线、电缆类型也不同，且安装敷设方法也要与其相适应
严格施工	◆在安装线路时，固定件的埋设、导线的连接和敷设，都要按规定严格施工 ◆导线穿墙，必须穿套管，否则极易发生磨损，而造成漏电、短路，引起火灾
导线连接牢固	◆线线相互连接或导线与电气设备的连接处，是造成接触电阻过大，产生局部过热起火的主要部位，因此导线要连接牢固
定期检查	◆检查线路接头是否有松动、打火现象，对陈旧老化的导线要重新加固或更换 ◆对于临时接拉的线路要及时拆除，以免发生火灾事故
电气管理	◆电气设备在使用过程中，应配备适量的灭火器材，要派专人进行管理，并且制定出相应的安全操作规程，严格遵守、执行

图4-5 电气防火措施

（2）化学危险品防火

易燃易爆化学物品由于具有较大的火灾危险性，如果在生产、储存、搬运等过程中管理不严格，极易造成严重的火灾事故。防止易燃易爆化学物品引发火灾事故的措施见表4-6。

表4-6 化学危险品防火管理措施

管理措施	具体说明
场所管理	根据危险物品的种类、性能设置相应的通风、防火、防爆、监测、报警、降温、避雷、防静电、隔离操作等消防安全设施 使用汽油、煤油、乙醇、苯等易燃的溶剂时，所用工具应为不产生火花型的，所有机械设备均应良好接地
人员管理	生产、使用、搬运易燃易爆化学物品的人员，必须遵守消防安全制度和安全操作规程 生产、使用、搬运的人员必须有消防安全防护措施和用具 生产、使用、搬运易燃易爆化学物品的人员不能穿化纤材料的工作服

续表

管理措施	具体说明
装卸搬运管理	要做好易燃易爆化学物品运输和装卸过程中的消防安全防护工作，防止火灾事故发生 易燃易爆化学物品装卸作业，必须严格遵守操作规程，轻装轻卸，不准摔碰、撞击、重压、倒置 装卸过程中，应根据危险物品的不同特性，采取相应的安全措施
温度控制	温度的变化对化学物品的安全储存有着显著的影响，环境温度越高，不安全因素越多，火灾危险性也就越大 夏季高温时期，在作业时间上应进行控制，防止化学危险物品高温暴晒

3. 火源与火源探测器

（1）常见火源

为了进行扑火、灭火，需要先了解火源，以便进行有效管理，常见火源见表4-7。

表4-7 常见火源

类别	举例
明火焰	有火柴火焰、打火机火焰、蜡烛火焰、煤炉火焰、酒精喷灯火焰、气焊气割火焰等
高温表面	常见的有锅炉、加热元件、管路、高温轴承、发动机、废气等
机械火花	会释放出高温炽热的颗粒，如研磨、锤打、金属同金属的接触、下落的工具等
电火花	电气开关开启或关闭时发出的火花、短路火花、漏电火花、接触不良火花、超负荷或短路时熔丝熔断产生的火花、电焊时的电弧、雷击电弧火花等
静电火花	已被充电的物体表面在放电时会产生火花，常见的有用导电性差、没有接地的管路输送液体或粉末时，传送带在导电性差的表面上摩擦、行走或转动时放电产生的火花
化学反应	化学反应产生的热无法散出，结果发生自热现象，常见的有固体可燃物、废催化剂、有油污的棉抹布，还有用于保温的易燃材料、物质的分解等

（2）火源探测器

自动识别火源的新型探测器是使用红外传感器阵列集成内置彩色摄像机，能够自动、可靠地识别火焰事故并在视频图像上标示事故地点，结合智能软件识别火源的探测器。其具体的作用如下。

1）工作人员以可视图像核实火灾报警并立即采取适当的行动。

2）高超的探测能力可以穿透浓雾和大雨等，探测火焰并报告火源位置。

对于任一火灾事故，缺乏准确的可视信息是各企业操作人员所面临的重大问题，这会导致采取适当行动的延误。

拥有自动识别火源的新型探测器，操作人员将会知道探测器确切的报警地点，并在火灾蔓延前迅速作出决定。自动识别火源的新型探测器的特点如图4-6所示。

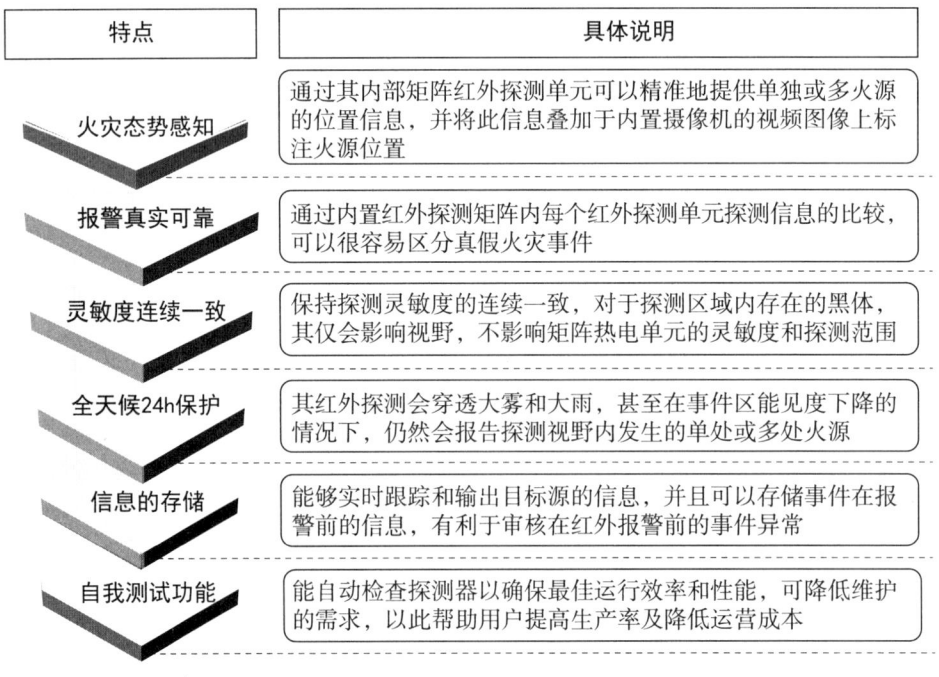

图4-6 自动识别火源的新型探测器的特点

4. 火灾扑救的一般原则

相关人员在进行灭火时，需遵循先控制后灭火、边报警边扑救、先救人后救物等原则来进行，如图4-7所示。

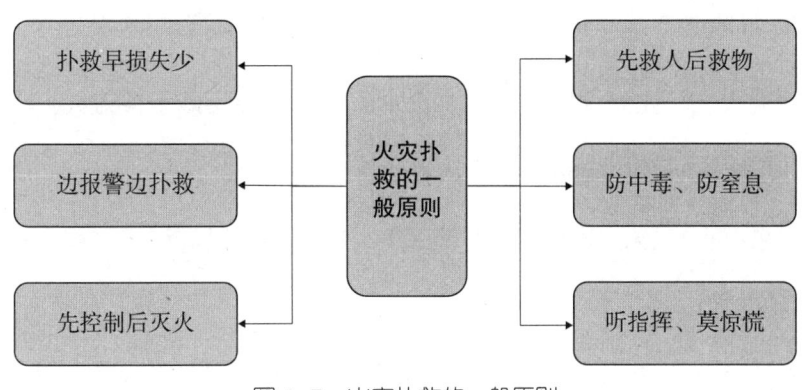

图 4-7 火灾扑救的一般原则

5. 火灾报警

在火灾扑救过程中，报告火警的正确方式、方法如下。

（1）报警方式

1）有手动报警设施的可利用报警设施，打破手动报警器玻璃，即可发出警报。

2）使用警铃、汽笛或其他平时约定的报警手段，如敲钟等。

3）利用有线广播报警。

（2）报告火警的正确方法

1）报告火警时，需拨准火警电话号码，尤其要注意使用的电话是否为分机。

2）说话要清楚，不要慌张，需讲清失火的详细地址、燃烧物质、火势大小、报警人的姓名。

3）得到消防队明确的回答后方可挂断电话，随后到火灾现场附近主要路口引导消防车。

6. 初起火灾扑救

在火灾的初期阶段，作业人员需采取正确的措施，以防火灾扩大，具体的措施如下。

（1）电气起火时应首先切断电源，只有确定断电后才可用水扑救。

（2）可燃物起火，可直接用水或灭火器灭火，也可采用湿棉被等覆盖在起火物上。

（3）油类起火，比如食用油，不要用水灭火，而要用砂子覆盖灭火。

（4）一般火灾可利用建筑物内消火栓灭火。

（5）如果有灭火器，用灭火器进行灭火，因为它可以应用于多种火灾。

7. 常用的灭火方法

为了扑灭火灾，常见的灭火方法有抑制灭火法、隔离灭火法、窒息灭火法、冷却灭火法4种，见表4-8。

表4-8　常见的灭火方法及其具体说明

灭火方法	具体说明
抑制灭火法	将化学灭火剂喷入燃烧区，中止链式反应而使燃烧终止
隔离灭火法	将燃烧物与周围可燃物隔离或者分开，从而使燃烧终止
窒息灭火法	采取适当的措施，阻止空气进入燃烧区，有效减少燃烧物周围空气中的氧含量，造成助燃物质缺乏或断绝而使燃烧终止
冷却灭火法	将灭火剂直接喷洒在可燃物上，使可燃物的温度降低到燃点以下，从而使燃烧终止

8. 灭火设备

常见的灭火设备包括灭火器、消火栓，只有正确掌握其使用方法，才能迅速将火扑灭。灭火设备的使用方法见表4-9。

表4-9　灭火设备的使用方法

灭火设备	类型	使用方法
灭火器	手提式	常用的手提式灭火器一般为压把式，使用时，在与燃烧物一定距离（5 m左右）处开启，先撕掉小铅块，一手用力向上拉动提环后，握住提柄提起灭火器，另一只手握住喷嘴，喷向燃烧区域即可
	推车式	推车式灭火器一般由两人操作，使用时，先将其推至距燃烧物一定距离（一般10 m左右），一人负责放下胶管卷盘，手持喷枪对准燃烧区；另一人则打开贮剂瓶的开关（不同的灭火剂有不同的开关方式）

续表

灭火设备	类型	使用方法
消火栓	室内消火栓	设于建筑物内部的消火栓，由开启阀门和出水口组成，并配有双卷水带和水枪，一般都安装在消防箱内，有的还设计有消防卷盘、报警按钮、指示灯等附件。使用时，一般由两人配合，一人拉开箱门，迅速取下挂架上的水带或取出双卷水带并甩出，手持一端的接口和水枪冲向起火处，途中将水枪和水带接口接好，另一人将接口另一端连接在消火栓出水口上，并旋转手轮打开阀门，水即喷出
	室外消火栓	一般露天设置，是市政供水系统或消防给水管网的取水口，主要分地上和地下两种，一般用专用扳手打开

9. 火场逃生

（1）自救的一般原则

当作业现场发生火灾时，作业人员需想办法逃生自救，火场逃生自救的一般原则如图 4-8 所示。

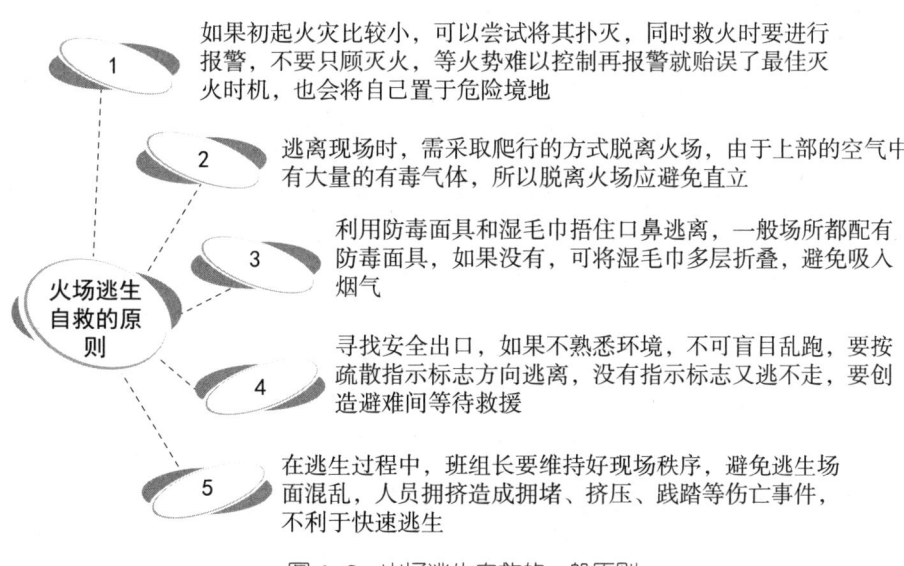

火场逃生自救的原则
1. 如果初起火灾比较小，可以尝试将其扑灭，同时救火时要进行报警，不要只顾灭火，等火势难以控制再报警就贻误了最佳灭火时机，也会将自己置于危险境地
2. 逃离现场时，需采取爬行的方式脱离火场，由于上部的空气中有大量的有毒气体，所以脱离火场应避免直立
3. 利用防毒面具和湿毛巾捂住口鼻逃离，一般场所都配有防毒面具，如果没有，可将湿毛巾多层折叠，避免吸入烟气
4. 寻找安全出口，如果不熟悉环境，不可盲目乱跑，要按疏散指示标志方向逃离，没有指示标志又逃不走，要创造避难间等待救援
5. 在逃生过程中，班组长要维持好现场秩序，避免逃生场面混乱，人员拥挤造成拥堵、挤压、践踏等伤亡事件，不利于快速逃生

图 4-8 火场逃生自救的一般原则

（2）了解疏散路线和防护器具

为了能够在发生火灾时迅速逃生，相关人员在进入任何场所都需了解以下内容。

1）留心作业现场的疏散通道、安全出口、楼梯的方位。

2）进入作业现场，最好按照设计的疏散路线图实地走一遍。

3）查看防毒面具放置位置并了解使用方法。

4）记住消火栓、灭火器和报警器的位置。

（3）正确的避难措施

逃生需采取正确的避难措施，以避免受到火灾的伤害，见表4-10。

表4-10 逃生的避难措施

避难措施	具体说明
寻找避难间	要首先选择有水源和能同外界联系的房间作为避难间
关闭迎火门窗	关闭迎火门窗，打开背火的门窗进行呼吸，等待救援 不能打碎玻璃，如果外边有烟进来，还要关上窗户
防止吸入浓烟	用湿毛巾、床单等物堵住门缝隙或其他孔洞，或挂上湿棉被等难燃或不燃物品，并不断洒水，防止烟火进入 用湿毛巾捂住口鼻，防止被浓烟呛伤和热气灼伤
避开烟火	不停地用水淋透房间，弄湿房间的一切物品，包括地面，延缓烟火发展，赢得救援时间 大火进入房间后，利用阳台或爬出窗台，避开烟火
积极与外界联系呼救	如果房间有电话要及时报警，报告自己的方位；若无电话，白天可用各色的衣物或明显的标志向外报警，夜间要打开电灯或手电筒报警

4.2 用电安全

4.2.1 触电伤害

1. 伤害的种类

触电事故中的电流会对人体产生生理和病理的伤害。这种伤害是多方面的，一般来说，可分为电击和电伤两种，见表4-11。

表 4-11　伤害的种类

种类	特征	危害
电击	常会给人体留下明显的电标、电纹、电流斑等特征	电击是最危险的伤害，致使人体产生痉挛、刺痛、心室颤动等现象，致死率高
电伤	最常见的有电灼伤、电烙印和皮肤金属化 3 种特征的伤害	电伤会把皮肤烧伤致使组织破坏，电烙印常会造成身体局部麻木

2. 影响伤害大小的因素

影响人体触电伤害大小的因素主要有 5 个方面，每个人都应熟知这些因素，以便准确应对触电事故，尽量减轻事故造成的伤害，如图 4-9 所示。

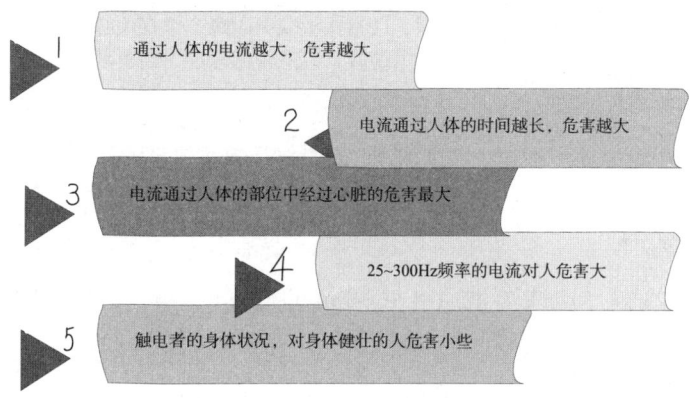

图 4-9　影响人体触电伤害大小的因素

4.2.2　触电事故的类型

1. 单相触电

单相触电是人体接触带电装置的一相而引起的触电。按照变压器低压侧中性点是否接地来划分，单相触电有两种形式，如图 4-10 所示。

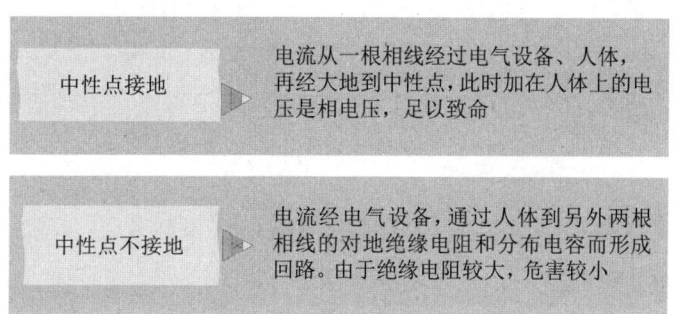

图 4-10　单相触电的形式

2. 两相触电

在两相触电事故中，人体两处同时触及同一电源的两相带电体，线电压直接作用在人体上，因此，无论触电者是否穿了绝缘鞋，电网中性点是否接地，其触电的危险都很大。两相触电的危害及应对措施如图 4-11 所示。

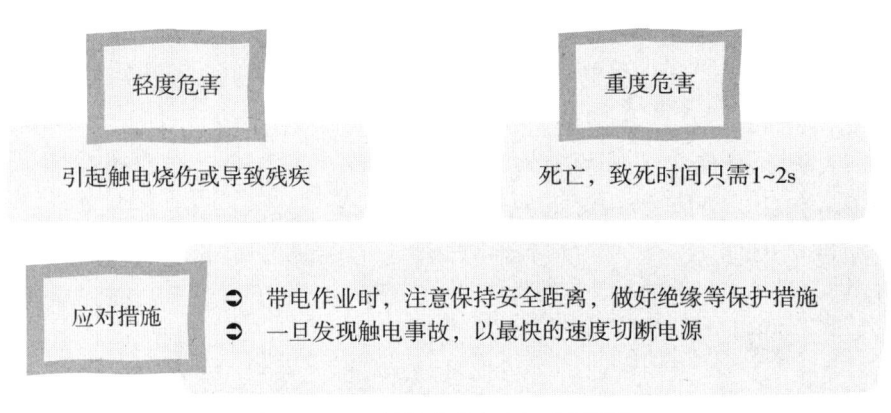

图 4-11　两相触电的危害及应对措施

3. 跨步触电

通常，人站在高压电线落地点 8～10 m 的范围内，就可能发生跨步触电事故。当人受到跨步电压时，电流没有经过人体重要器官，这看似比较安全，其实并非如此，跨步触电事故还隐藏着很大的风险，如图 4-12 所示。

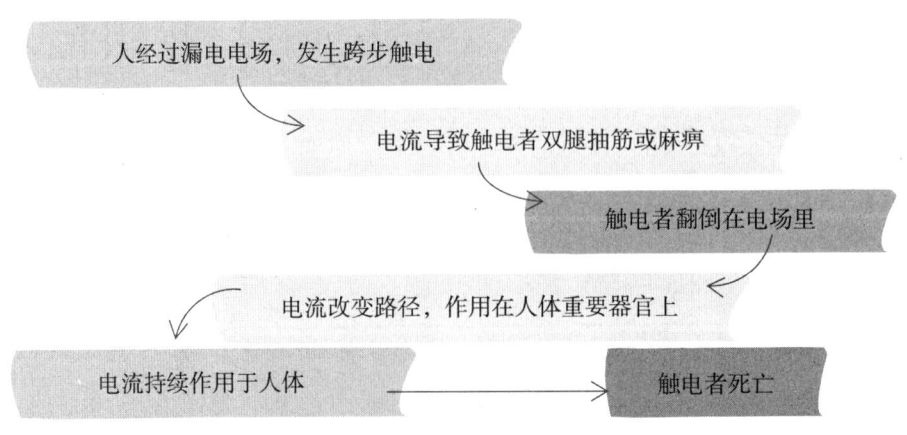

图 4-12　跨步触电事故的风险

为了防范跨步触电事故，避免跨步触电的二次事故发生，应掌握以下 3 个防护技巧，如图 4-13 所示。

1	进入高压设备的附近或进行带电作业时，应穿戴好防护用具，如绝缘鞋、绝缘服、安全帽等
2	给诸如高压输电塔等设备增设垂直接地极，以降低跨步电压，减少地表水平方向的电流密度
3	一旦发觉跨步电压的威胁，应尽快把双脚并在一起，然后用一条腿或两条腿跳离危险区

图4-13　跨步触电事故防护技巧

4.2.3　特低电压

特低电压（简称ELV）是不超过标准规定的有关Ⅰ类设备限值的电压。

0类设备：依靠基本绝缘进行防电击保护，即在易接近的导电部分（如果有的话）和设备固定布线中的保护导体之间没有连接措施，在基本绝缘损坏的情况下便依赖于周围环境进行防护的设备。

Ⅰ类设备：不仅依靠基本绝缘进行防电击保护，而且还包括一个附加的安全措施，即把易电击的导电部分连接到设备固定布线中的保护（接地）导体上，使易触及导电部分在基本绝缘失效时，也不会成为带电部分的设备。

Ⅱ类设备：不仅依靠基本绝缘进行防电击保护，而且还包括附加的安全措施（例如双重绝缘或加强绝缘），但对保护接地或依赖设备条件未做规定的设备。

Ⅲ类设备：依靠安全特低电压供电进行防电击保护，并且在其中产生的电压不会高于安全特低电压的设备。

环境状况是考虑了以下各种环境状况的影响因素：

环境状况1：皮肤阻抗和对地电阻均可忽略不计（例如人体浸没条件）。

环境状况2：皮肤阻抗和对地电阻降低（例如潮湿条件）。

环境状况3：皮肤阻抗和对地电阻均不降低（例如干燥条件）。

环境状况4：特殊状况（例如电焊、电镀）。特殊状况的定义由各有关专业标准化技术委员会规定。

不同环境状况下的电压限值见表 4-12。

表 4-12 稳态电压限值

环境状况	电压限值 /V					
	正常（无故障）		单故障		双故障	
	交流	直流	交流	直流	交流	直流
1	0	0	0	0	16	35
2	16	35	33	70	不适用	
3	33[a]	70[b]	55[a]	140[b]	不适用	
4	特殊应用					

a：对接触面积小于 1 cm² 的不可握紧部件，电压限值分别为 66 V 和 80 V。
b：在电池充电时，电压限值分别为 75 V 和 150 V。

在通常状况下，表 4-12 所示接触电压上限值为交流 50 V 或无波纹直流 120 V。为了确定安全接触电压，应考虑以下两个因素：一是人体内最可能的电流通路，二是环境条件，主要是指是否存在水分和人体与地是否接触良好。

在特别危险环境使用手持电动工具应采用 42 V 电压，在有电击危险环境使用手持照明灯和局部照明灯应采用 36 V 或 24 V 电压，在金属容器内、隧道内、水井内以及周围有大面积接地导体等工作地点狭窄、行动不便的环境应采用 12 V 电压。另外，当电气设备采用 24 V 以上电压时，必须采取直接接触电击的防护措施。

4.2.4 用电颜色常识

1. 安全色

为了加深对安全色用途的感性认知，列举以下例子，如图 4-14 所示。

2. 导体上的颜色标志

为了避免涉电作业时的误判断、误操作，应熟记以下导体颜色标志，见表 4-13。

红色	禁止标志、交通禁令标志、停止按钮、刹车装置的操作把手等
黄色	警告标志、道路交通路面标志、防护栏及警告信号旗等
蓝色	指令标志，如必须佩戴的个人防护用具；道路上的指引标志
绿色	提示标志、车间内的安全通道标志、机器启动按钮等

图 4-14　安全色

表 4-13　导体上的颜色标志

类别	导体名称	旧标准	新标准
交流电路	U（火线1）	黄	黄
	V（火线2）	绿	绿
	W（火线3）	红	红
	N（零线）	黑	淡蓝
保护接地线（PE）		黑	绿/黄双色线

4.2.5　个人用电防护

1. 安全自省

在用电安全防护措施中，提高个人安全意识是首要的。为此，在工作过程中，作业人员应先自问以下 5 个问题。

➢ 我是否具备从事此项工作所需的技能和知识？

➢ 我是否得到从事此项工作的许可，是否持有相应的证书？

➢ 我是否明确了解此项工作的风险，并做好了应对？

➢ 我是否确认过我的活动不会影响其他人员的安全？

➢ 我是否使用了正确的个体防护装备？

2. 身体防护

穿戴绝缘防护用具（绝缘服、绝缘手套、绝缘鞋等）可以有效避免人体触电带来的伤害。在使用绝缘防护用具时，应注意以下事项。

（1）检查用具是否超过有效试验期，不得使用过期用具。

（2）确认用具型号、规格、生产厂家等标记清晰、完整。

（3）用具须通过预防性试验，工频耐压和泄漏电流试验应合格。

（4）保持用具的干燥，谨防受潮。

（5）查看用具外观是否完好无缺，有破损或漏气现象的，应禁止使用。

（6）不允许将用具放在过冷、过热、阳光直射和有化学药品的地方。

在需要进行带电工作之前，作业人员要将各种安全防护用具穿戴好，以便充分发挥各用具的作用，保障自身的作业安全。各种防护用具的作用如图 4-15 所示。

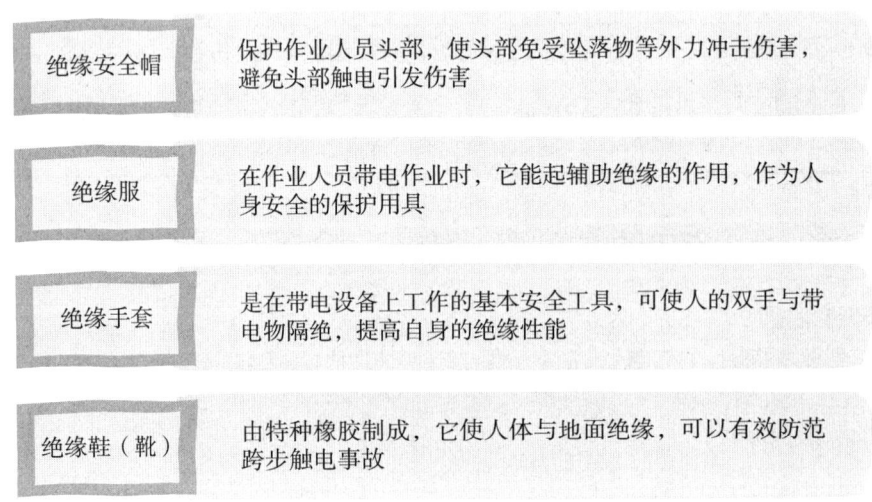

图 4-15　各种防护用具的作用

3. 作业防护

（1）绝缘垫

绝缘垫是由特殊橡胶制成，具有良好的绝缘性能，将它敷设在地面或接地物体上，可以保护工作人员免遭电击。为了更好地发挥绝缘垫的保护作用，作业人员应掌握并遵循使用绝缘垫的要点。

1）使用前都要对绝缘垫进行外观检查，若发现有影响其安全性的缺陷，应禁止使用，及时更换。

2）保持安全的环境温度。绝缘垫应被使用于环境温度在 -25 ~ 70℃ 的区域。

3）避免将绝缘垫置于高温、阳光暴晒、潮湿的环境下，避免将其放置在有油腻物、化学药品的地方。

（2）绝缘操作杆

绝缘操作杆是一种一端配有绝缘把手，另一端配有各种工作端头的杆状绝缘工具，它常被用于短时间内对带电设备的操作或测量。在使用和保管绝缘操作杆时，工作人员应该注意以下事项。

1）取用的绝缘操作杆规格必须符合被操作设备的电压等级。

2）使用绝缘操作杆前，需检查其是否超过试验期，过期的应禁止使用。

3）使用绝缘操作杆前，应检查其表面是否完好，不得使用有破损的绝缘操作杆。

4）操作前，应保持绝缘操作杆的干燥、清洁。

5）作业时，作业人员的双手应握持绝缘操作杆保护环以下的部分，并与带电设备保持足够的安全距离。

6）雨天作业时，绝缘操作杆的绝缘部分应有防雨罩，并将防雨罩与绝缘部分紧密连接，无渗漏现象。

7）应将绝缘操作杆统一编号，悬挂在特制的木架上，不得贴墙或与地面接触放置。

4.2.6 电气设备防护

1. 绝缘

绝缘防护是对电气设备最基本的安全防护措施，它可以有效地将带电导体与人体隔离开来。常见的绝缘防护实例如图 4-16 所示。

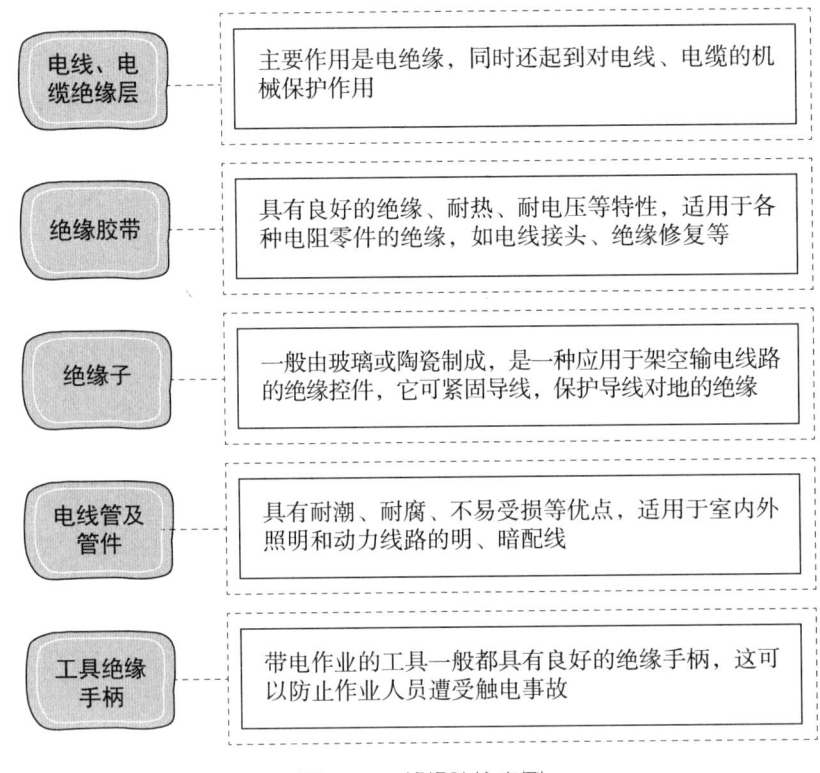

图 4-16　绝缘防护实例

2. 屏护

屏护是指采用护罩、护盖、箱柜、遮栏、栅栏等把危险的带电体同外界隔离的安全防护措施。它在防止人体接触带电体的同时，还有防止短路及故障接地的作用。一般来说，要采用屏护装置的主要部位有以下 3 处，如图 4-17 所示。

为了保证屏护装置的有效性，屏护装置须满足如图 4-18 所示的 4 个要点。

① 电气开关触头等带电部分

② 某些人体可能触及或接近的裸露线路

③ 所有高压电气设备

图 4-17　采用屏护装置的主要部位

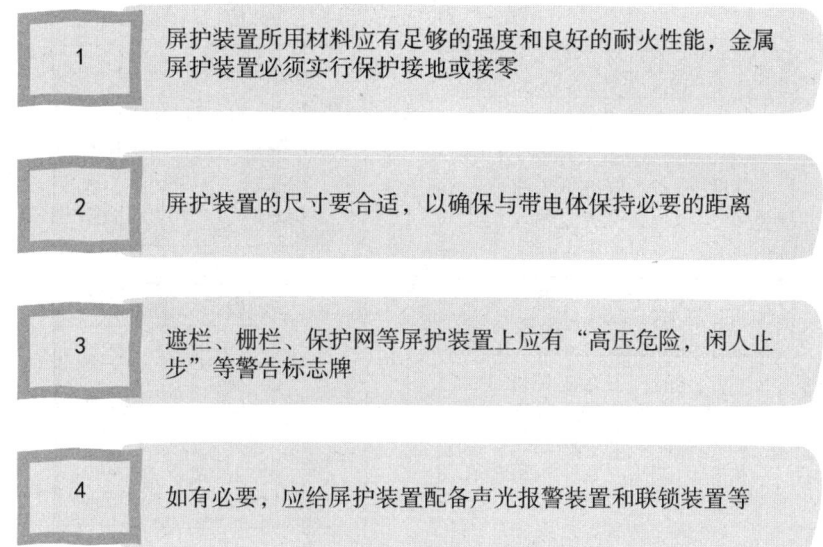

图 4-18 屏护装置的要点

3. 间距

间距是指人体与带电体之间、带电体与地面之间、带电体与带电体之间、带电体与其他物体和设施之间必要的安全距离。一般来说，安全距离主要分为以下 3 类，如图 4-19 所示。

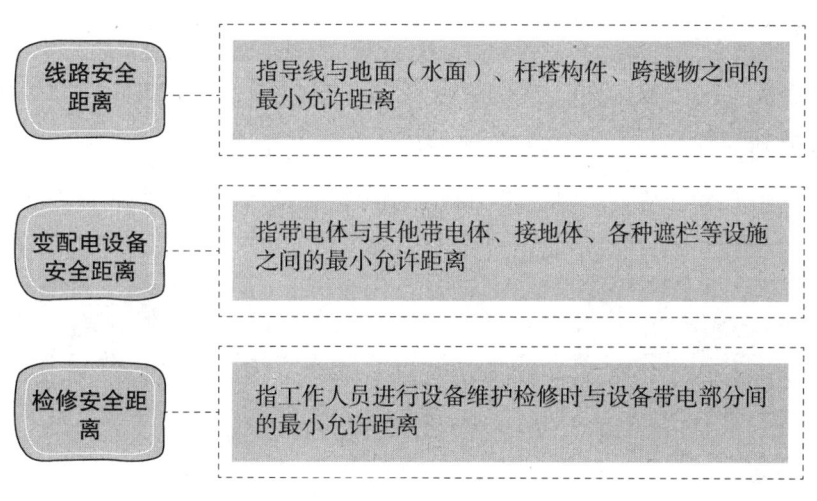

图 4-19 安全距离

在上述的 3 种安全距离中，检修安全距离是与作业人员最为密切的，它还可以被分为 A、B、C 3 种不同的距离。假设检修人员到带电导体的实际距离为 L，则 3 种安全距离的特点及关系如图 4-20 所示。

图 4-20 3种安全距离的特点及关系

A：设备不停电时的安全距离

在移开了设备遮栏的情况下，当 $L \geq A$ 时，检修人员可在设备不停电下工作

A的取值范围如下：

电压等级	距离
10kV 及以下	0.7m
35kV	1.0m
110kV	1.5m
220kV	3.0m
500kV	5.0m

B：工作人员工作中正常活动范围与带电设备的安全距离

当 $L < B$ 时，设备必须停电；当带电导体位于检修人员前面，设备设有牢固遮栏，且 $B \leq L < A$ 时，检修人员可在设备不停电下工作

B的取值范围如下：

电压等级	距离
10kV 及以下	0.4m
35kV	0.6m
110kV	1.5m
220kV	3.0m
500kV	5.0m

C：地电位带电作业时，人体与带电体间的安全距离

未经主管领导批准的、未采取可靠措施的，都不得放宽C的数值

C的取值范围如下：

电压等级	距离
10kV 及以下	0.4m
35kV	0.6m
110kV	1.0m
220kV	1.8m
500kV	3.6m

图 4-20 3种安全距离的特点及关系

4. 保护接地

在设备发生漏电故障时，接地的电气设备的金属部分（如外壳等）可将自身的危险电流随导线和接地装置疏散到大地之中，从而避免人体触电及其他事故的发生。在不接地配电网中，保护接地的适用范围如图4-21所示。

①电机、变压器、电器、照明器具、携带式用电器具等的金属底座和外壳

②电气设备的传动装置

③室内外配电装置的金属架、钢筋混凝土的主筋和金属围栏

④穿线的钢管、金属接线盒和电缆头、盒的外壳

⑤配电屏与控制屏的金属框架

图 4-21 保护接地的适用范围

5. 保护接零

保护接零是借助接零线路使设备漏电形成单相短路，促使线路上短路开关及时跳闸，以切断故障设备电源，消除电击危险。

6. 漏电保护

漏电保护是一项更完善的防止人体触电的保护技术。它以漏电保护器的形式提前或及时切断故障线路，保护人身安全。从形式及功能上，漏电保护器大体可分为以下3类，如图4-22所示。

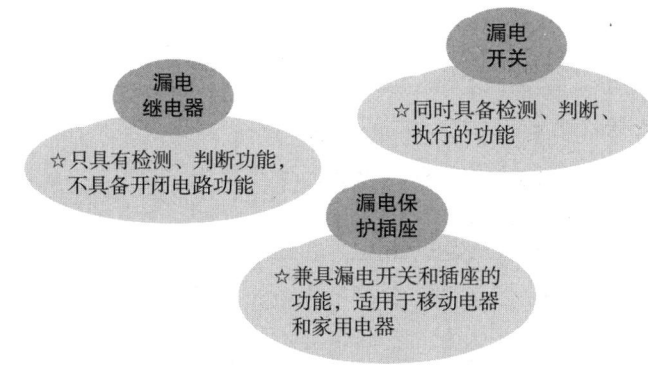

图4-22 漏电保护器

为进一步提高安全防护水平，避免单相触电事故的发生，以下电气设备都必须安装漏电保护器，如图4-23所示。

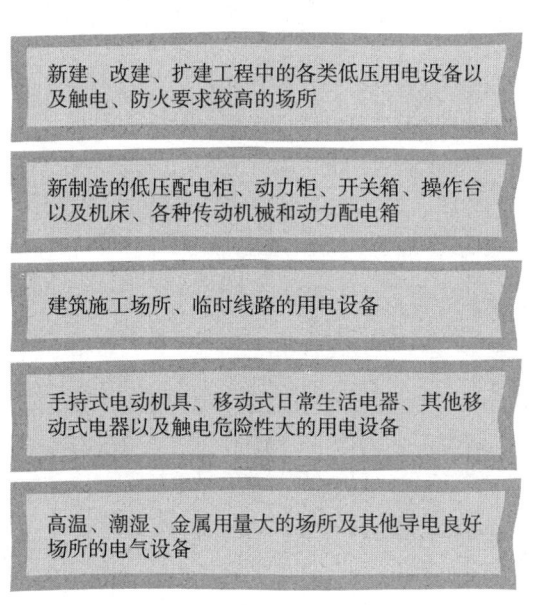

图4-23 必须安装漏电保护器的电气设备

即学即用

1. 请观查一下你所在的企业消防设施情况。

2. 结合你所在的工作岗位,谈谈如何安全用电。

第 5 章

个体防护装备及劳动环境保护

5.1 个体防护装备

5.1.1 个体防护装备的种类

1. 个体防护装备的含义

依据 GB 39800.1—2020《个体防护装备配备规范 第 1 部分：总则》，个体防护装备又称个体防护装备，指从业人员为防御物理、化学、生物等外界因素伤害所穿戴、配备和使用的护品的总称，如安全帽、耳塞、自吸过滤式防毒面具、防静电服、安全带等。

2. 个体防护装备配备原则

（1）作业场所存在职业性危害因素和危害风险时，用人单位应为作业人员配备符合国家标准或行业标准的个体防护装备。

（2）用人单位为作业人员配备的个体防护装备应与作业场所的环境状况、作业状况、存在的危害因素和危害程度相适应，应与作业人员相适合，且个体防护装备本身不应导致其他额外的风险。

（3）用人单位配备个体防护装备时，应在保证有效防护的基础上，兼顾舒适性。

（4）需要同时配备多种个体防护装备时，应考虑使用的兼容性和功能替代性，确保防护有效。

（5）用人单位应对其使用的劳务派遣工等临时聘用人员、实习生和允许进入作业地点的其他外来人员进行个体防护装备的配备及管理。

3. 个体防护装备的分类

根据 GB 39800.1—2020《个体防护装备配备规范 第 1 部分：总则》，可把个体防护装备分为头部防护用品、呼吸器官防护用品、眼（面）部防护用品、听觉器官防护用品、躯体防护用品、手部防护用品、足部防护用品、防坠落个体防护装备、其他防护类用品共 9 类，见下表。

个体防护装备分类

类别	具体说明	详细分类
头部防护用品	头部防护用品指为了防御头部不受外来物体打击或其他因素危害而配备的防护装备	按照防护功能可将头部防护用品分为防护帽、防尘帽、防水帽、防寒帽、安全帽、防静电帽、防高温帽、防电磁辐射帽等
呼吸器官防护用品	呼吸器官防护用品是为了防御有害气体、粉尘、烟、毒雾经呼吸道吸入，确保劳动者正常呼吸的防护面具	呼吸器官防护用品按防护用途分为防尘、防毒两类
眼（面）部防护用品	眼（面）部防护用品是预防因烟雾、尘粒、电磁辐射、激光、化学飞溅物等因素伤害眼睛和面部的防护用品	根据防护部位与防护功能，眼（面）部防护用品分为防护面罩和防护眼镜
听觉器官防护用品	听觉器官防护用品是防止人耳受到噪声过度刺激，减少听力损失的防护用品	主要包括耳塞、耳罩和防噪声耳帽（盔）等各种护耳器
躯体防护用品	躯体防护用品是防止劳动者身体伤害的防护用品	按结构、功能可划分为防护服和防护围裙两大类，防护服可分为特殊作业防护服和一般作业防护服两类

续表

类别	具体说明	详细分类
手部防护用品	手部防护用品是劳动者根据作业环境中的有害因素佩戴的特制手套	按手套的形状可分为五指手套、三指手套、连指手套、直形手套；按防护功能可分为绝缘手套、焊工手套、防水手套、防静电手套、防辐射手套等
足部防护用品	足部防护用品是防止劳动过程中有害物质和能量损伤劳动者足部的护具	按照防护功能可分为防尘鞋、防水鞋、防寒鞋、防静电鞋、防高温鞋、防酸碱鞋等
防坠落个体防护装备	防坠落个体防护装备是防止人体从高处坠落的防护用品	主要有安全带和安全网两种。安全带按使用方式分为围杆安全带、悬挂、攀登安全带两种；按用途分为高空作业安全带、铁路调车员安全带、电工安全带和消防安全带等
其他防护类用品	—	

5.1.2 个体防护装备的使用

个体防护装备是用以预防事故伤害或职业危害的防护装备，使用个体防护装备，是保障员工人身安全与健康的重要措施，也是保障用人单位安全生产的基础。

1. 个体防护装备使用规定

无论是哪种个体防护装备，用人单位在使用个体防护装备时须遵守以下规定，如图 5-1 所示。

1. ◎为员工免费提供符合国家规定的个体防护装备，不得以货币或其他物品代替应当配备的个体防护装备
2. ◎应到定点经营单位或生产企业采购个体防护装备，即防护装备须具有"三证"（生产许可证、产品合格证和安全鉴定证），且经过本单位安全部门的验收
3. ◎建立健全个体防护装备采购、验收、发放、使用及报废等管理制度，按照使用要求，在使用前对其防护性能进行相关检查
4. ◎按照个体防护装备的使用规则和防护要求，教育并培训员工，使其会检查个体防护装备的可靠性，会正确使用个体防护装备，会维护保养个体防护装备

图 5-1 用人单位个体防护装备有关规定

2. 个体防护装备使用注意事项

用人单位应事先对员工进行关于合理选择和使用各种个体防护装备的培训，并在实际使用中开展现场检查，确保防护效果良好。员工在使用过程中要注意以下事项，如图 5-2 所示。

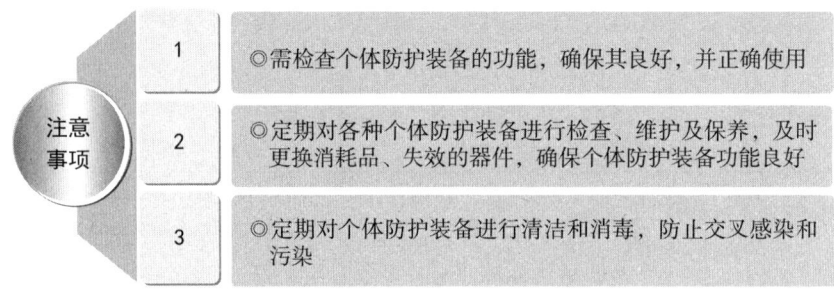

图 5-2　个体防护装备使用注意事项

5.1.3　个体防护装备的发放

1. 个体防护装备的发放原则

用人单位有对员工发放个体防护装备的责任，在给员工发放个体防护装备时，须遵守以下 4 个原则，如图 5-3 所示。

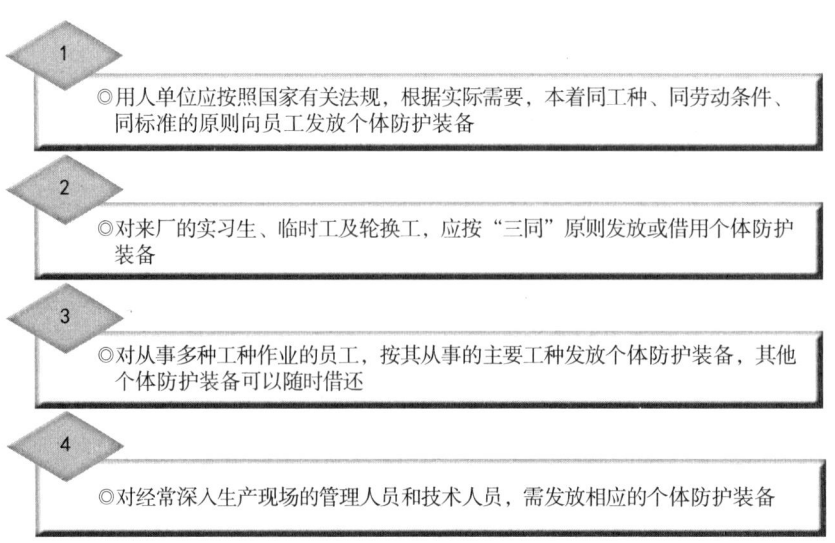

图 5-3　用人单位个体防护装备发放原则

2. 个体防护装备的发放标准

用人单位应根据员工实际工种发放相应的个体防护装备。

（1）出现以下情况时，用人单位须向员工发放工作服或者工作围裙，并视情况提供工作帽、口罩、手套等个体防护装备，如图5-4所示。

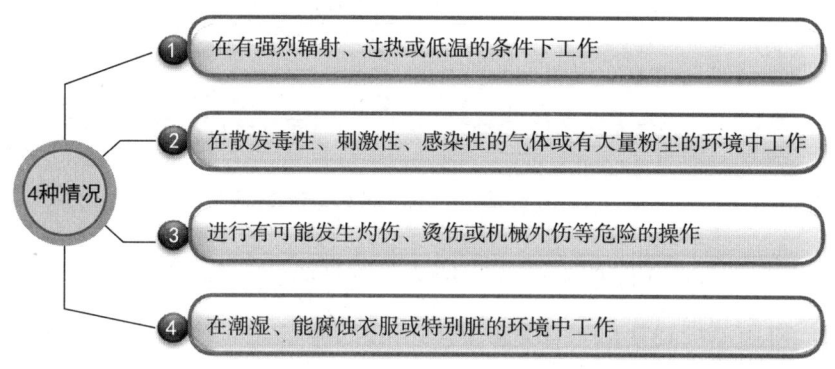

图5-4 用人单位发放工作服或工作围裙的情况

（2）工作中会接触到有毒的粉尘和气体，可能造成口腔、鼻腔、眼睛及皮肤受伤时，用人单位须向员工发放洗漱药水或防护药膏等防护用品。

（3）工作中有噪声、强光、辐射热或火花四溅的操作时，用人单位须向员工发放防护眼镜、面具、护耳器等防护用品。

（4）工作经常在露天场所时，用人单位需提供防晒、防雨及御寒用品。

（5）在有传染疾病危险的场所工作时，用人单位须提供消毒剂，并对所有工具及防护用品进行定期消毒。

（6）工作中有高处作业时，用人单位须提供安全带，并做好安全措施。

5.1.4 个体防护装备的管理

1. 个体防护装备的选用原则

用人单位必须为员工提供符合国家及行业标准的个体防护装备，在选用个体防护装备时须遵守以下3个原则，如图5-5所示。

2. 个体劳动防护装备的管理要求

（1）基本要求

1）用人单位应建立健全个体防护装备管理制度，至少应包括采购、验收、保管、选择、发放、使用、报废、培训等内容，并应建立健全个体防护装备管理档案。

1. ◎根据国家标准、行业标准或地方标准选用
2. ◎根据生产作业环境、劳动强度及所接触到的有害因素存在的形式、性质、浓度和个体防护装备的防护性能进行选用
3. ◎个体防护装备穿戴要舒适方便，不能影响员工工作效率

图5-5　用人单位个体防护装备选用原则

2）用人单位应在入库前对个体防护装备进行验收，确定产品是否符合国家或行业标准；对国家规定应进行定期检测的个体防护装备，用人单位应按相关规定，委托具有检测资质的检验检测机构进行定期检测。

3）在作业过程中发现存在其他危害因素，现有个体防护装备不能满足作业安全要求，需要另外配备时，应立即停止相关作业，按照要求配备相应的个体防护装备后，方可继续作业。

（2）追踪溯源

1）用人单位应购置在最小贴码包装及运输包装上具有追踪溯源标识的个体防护装备，该标识应能通过全国性追踪溯源系统实现追踪溯源。

2）用人单位在采购个体防护装备时，可通过产品和检验检测报告的追踪溯源标识，对产品实物信息和产品检验检测报告信息进行核实。

（3）判废和更换

1）出现以下情况之一，用人单位应给予判废或更换新品：

①个体防护装备经检验或检测被判定不合格；

②个体防护装备超过有效期；

③个体防护装备功能已经失效；

④个体防护装备的使用说明书中规定的其他判废或更换条件。

2）被判废或被更换后的个体防护装备不得再次使用。

5.2 职业安全卫生防护与劳动环境防护

5.2.1 职业安全卫生防护

职业安全卫生防护是指用人单位对劳动者从事的职业中可能遇到的危害采取一定的保护措施进行提前防护,以防劳动者遭遇职业危害。

1. 产生职业危害的因素

实施职业安全卫生防护工作需要先认识产生职业危害的因素。通常产生职业危害的因素有以下3大类。

(1)生产工艺过程中的有害因素

1)化学因素。如生产性毒物,铅、苯、汞、一氧化碳、有机磷农药、粉尘等。

2)物理因素。如高气压、低气压、噪声、振动、非电离辐射等。

3)生物因素。如炭疽杆菌、布氏杆菌等。

(2)劳动过程中产生的有害因素

劳动过程中产生的有害因素主要包括劳动组织和劳动制度不合理,劳动强度过大、过度,精神或心理紧张,劳动时个别器官或系统过度紧张,长时间不良体位和劳动工具不合理等。

(3)生产环境中的有害因素

生产环境中的有害因素主要包括自然环境因素、厂房建筑或布局不合理以及来自其他生产过程散发的有害因素造成的生产环境污染。

2. 职业安全卫生防护的措施

在了解职业安全卫生危害因素的前提下,劳动者可采取一定的措施,科学、合理地享受自己职业安全卫生防护的权利,依法捍卫自身健康权益。

(1)劳动者在与用人单位签订劳动合同时,有了解所在工作场所的职业危害因素和防护设施情况及对健康检查结果知情的权利。

（2）劳动者有获得职业卫生培训、教育的权利。

（3）未成年人、女职工、有职业禁忌证的劳动者享有特殊的职业卫生保护的权利。

（4）劳动者享有对用人单位违反职业病防治法律法规，侵害劳动者健康的行为进行检举、控告的权利。

（5）劳动者有权拒绝在没有卫生防护条件下从事职业危害作业，有权拒绝违章指挥和强令冒险作业。

（6）劳动者享有参与用人单位职业卫生民主管理的权利。

（7）劳动者享有职业卫生健康监护，职业病诊疗、康复等权利。

（8）劳动者患有职业病后享有获得赔偿的权利。

5.2.2 劳动环境防护

1. 粉尘的防护

企业应加强对粉尘作业环境的管理，对粉尘进行有效防护，减少粉尘给员工带来的危害，保障员工身体健康。

（1）建立粉尘预防机制

从以下4个方面加强对员工的管理。

1）员工上岗前应根据国家相关的规定对员工进行健康体检，对患有职业禁忌证、未成年员工、女员工不得安排其从事禁忌范围内的工作。

2）企业应定期组织员工参加防尘方面的培训，加强员工的防尘基础知识。

3）对在职从事粉尘作业的员工定期进行健康体检，发现不适宜从事粉尘作业的员工必须及时调离。

4）对已确诊为尘肺病的员工应及时调离原工作岗位，安排合理治疗或疗养，患者的社会保险待遇按国家有关规定办理。

（2）防尘检查

企业应定期对粉尘进行检查，加强防尘设备的检查检修与保养工作，确保员工有良好的工作环境，具体措施如图5-6所示。

1	◎制订防尘工作计划和必要的规章制度，切实落实综合防尘措施
2	◎定期对防尘系统进行维护和管理，使防尘系统处于完好、有效状态
3	◎定期检测生产现场的粉尘浓度，保证生产现场的粉尘浓度符合国家标准规定
4	◎各生产车间应指定专人负责所用除尘设备的维护工作，保证除尘设备正常、有效运行

图 5-6　定期防尘检查措施

（3）现场粉尘改善措施

1）合理设置工作地点

生产人员的工作地点或集中地点必须位于生产现场中通风良好和空气较清洁的地方，易产生严重粉尘污染的工段应位于整条生产线的下风口。

2）加强防尘工作的管理

企业应加强员工粉尘作业环境的管理工作，通过各种措施，使粉尘对员工的伤害程度降到最低，具体有以下 3 个方面的措施，如图 5-7 所示。

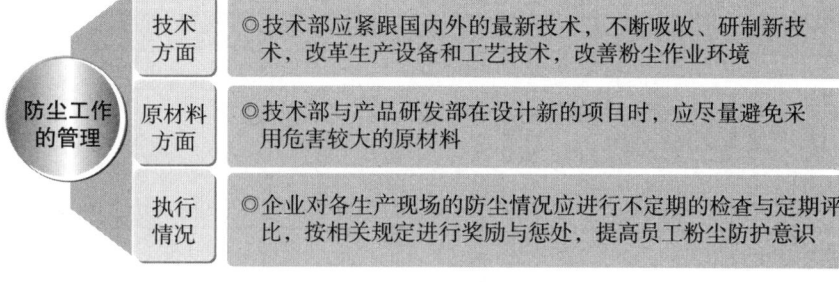

图 5-7　加强防尘工作管理措施

3）改进防尘技术

①改革工艺设备和工艺操作的方法，采用新技术。

②采用通风除尘设备，减少粉尘的产生，进一步改善粉尘环境。

③在生产和工艺条件许可的情况下，优先考虑采用湿式作业，减少粉尘的产生和飞扬。

④密闭尘源，使生产过程管道化、机械化、自动化，防止粉尘外逸，减轻劳

动强度,达到防尘目的。

2. 噪声的防护

企业应严格执行工业企业噪声控制设计规范及噪声卫生标准,加强对噪声作业环境的管理,减少噪声对环境的污染与保护员工的身心健康。

(1)噪声源控制措施

企业应通过以下 6 个方面来控制机械设备发出噪声,减少噪声污染,具体措施如图 5-8 所示。

1. 在选购新设备时,必须对设备的噪声环节进行评估,选购设备的噪声排放应符合国家相关的排放标准,在同等条件下,应选购噪声排放小的设备
2. 在生产过程中,生产部门配合技术部门注意改进工艺流程和工作程序,防止设备因长时间的运转而产生噪声
3. 严格遵守机械设备的操作规范,防止因错误的操作导致机械设备产生异常噪声
4. 定期检查机械设备的运行状态,检测其噪声,对于超过噪声排放标准的机械设备要及时采取措施减少噪声排放
5. 定期对机械设备的主要部件进行检测和保养,保持其性能良好,确保排放噪声符合国家规定标准
6. 加强对机械设备的日常检测工作,发现突发情况,及时修理出现异常的机械设备,缩短异常噪声的排放时间

图 5-8 控制机械设备发出噪声的措施

(2)噪声传播控制措施

企业应采取消声、隔声、阻声等措施来控制噪声的传播,防止噪声影响员工,具体的控制措施如下。

1)生产中噪声排放比较大的机电、机械设备应尽量设置在离工作操作点或人员集中点比较远的地方。

2)对于无法较远布置排放噪声比较大的机电、机械设备,应在生产设备上安装隔声机罩或设置隔声间,阻断噪声的传播途径。

3)对有隔声间进行隔声的机电、机械设备,应做好隔声间的密封工作,随时关闭隔声门与隔声窗,将噪声与生产人员隔离开来。

4)若因工作需要,生产人员必须到噪声比较大的地方进行操作,生产人

员应佩戴好耳塞、耳罩、防声帽等个体防护装备，否则后果由生产人员自己承担。

3. 毒气的防护

企业应采取强有力的防毒措施，加强对有毒作业环境的管理，减少有毒作业环境给员工带来的伤害，防止发生生产事故，为员工创造一个良好的作业环境。

（1）基本防护措施

企业可通过以下基本措施进行毒气防护，如图5-9所示。

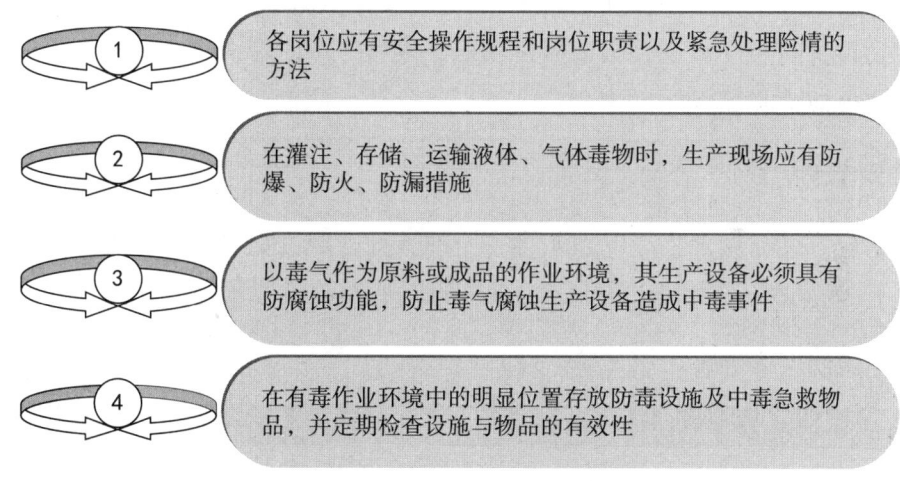

图5-9　毒气基本防护措施

（2）综合防治措施

企业可通过减少毒气发生、妥善进行毒气的处理等措施，确保员工的安全，其具体的综合防治措施如下。

1）以无毒和低毒的物料或工艺代替有毒、高毒的物料或工艺。

2）初建或扩建厂房时，在配置安全设施与设备上，必须严格遵守国家规定。

3）将生产设备密闭化、管道化和机械化。

4）工作时，采用自动化或远距离操作，防止中毒事件发生；确因工作需要而进行近距离操作时，操作人员必须戴好防毒面具、手套，穿好防毒服等个体防护装备,并且注意不要将皮肤暴露在外。

5)定期检测生产现场空气中的各类毒性气体含量,若超过最高允许浓度应立即采取相应措施,使之达标。

6)做好通风排毒及废气、废水、废渣的回收和利用工作,并妥善处理,防止人员中毒。

(3)卫生保健措施

1)保持个人卫生、增加营养、做好中毒急救,给员工定期体检,确保人员的生命安全。

2)对一些新的有毒作业和化学物质,请职业病防治院、卫生防疫站或卫生科研部门协调进行卫生调查,弄清致毒物质、毒害程度、毒害机理等情况,研究防毒对策,以便采取有关防毒措施。

4. 用电的防护

企业应贯彻"安全生产,预防为主"的方针,规范电气作业操作,以确保安全用电。

(1)组织保障措施

1)健全规章制度,定期进行安全检查。

2)完善电工工作票制度,变、配电室的倒闸操作票制度等电气检修工作制度来规范员工的电气操作。

3)可以采取一些安全措施来预防电气事故的发生,如图5-10所示。

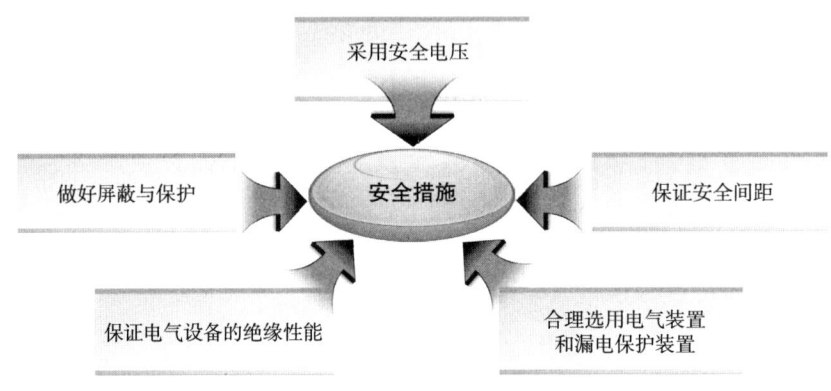

图5-10 安全用电措施

（2）安全用电教育与培训

严格控制电气操作人员的选任标准，并通过对其进行安全用电教育与培训，让其了解安全用电的基本常识，来防范用电事故的发生。

1）从事电气作业必须经过专业培训并取得相应资格证书。

2）电气操作人员必须严格执行国家安全作业规定，熟悉有关消防知识，能正确使用消防用具和设备，熟知人身触电紧急救护方法。

（3）电气事故防治措施

1）掌握用电操作基本常识

电气操作人员必须掌握安全用电基本常识，确保安全用电，如图5-11所示。

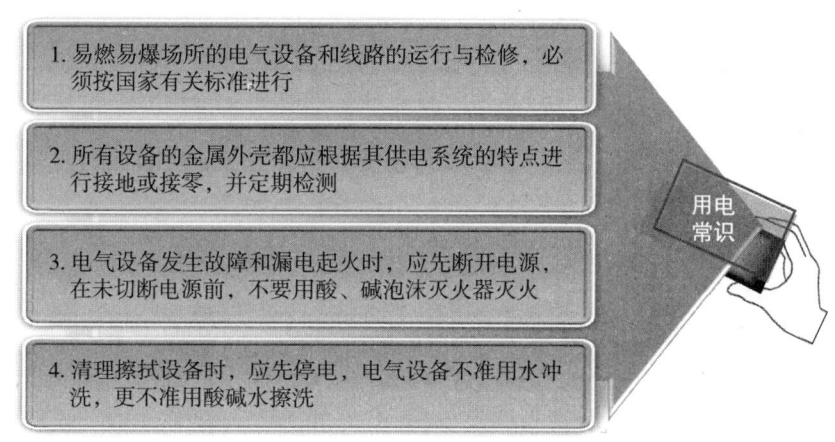

图5-11 安全用电基本常识

2）电气设备安全使用要求

①设备上安装的开关设备、保护装置、控制装置、信号装置必须齐全完好。

②设备上的裸露带电体要有防护，设备的相间绝缘电阻、对地绝缘电阻必须合格。

③电气设备发生故障时，由电工进行处理，严禁非电气人员修理，以免发生事故。

④电气设备在没有验明无电时，一律认为有电，不能盲目触及。

即学即用

1. 你的企业给你发了哪些个体防护装备?

2. 结合你的工作岗位,谈谈如何使用个体防护装备进行劳动防护?

3. 你的企业在安全用电上采取了哪些措施?

第 6 章

职业健康与安全

6.1 职业病的定义及危害因素

《中华人民共和国职业病防治法》规定：职业病是指企业、事业单位和个体经济组织等用人单位的劳动者在职业活动中，因接触粉尘、放射性物质和其他有毒、有害物质等因素而引起的疾病。

职业病的危害因素是指在生产过程中、劳动过程中、作业环境中存在的危害劳动者健康，可能导致职业病的各种因素。

1. 职业病的危害因素分类

（1）按职业病危害因素来源分类

生产现场的作业人员，在日常的生产作业过程中，可能会接触到各种各样的职业病危害因素。这些职业病危害因素，按其来源可以分为 3 类，见表 6-1。

表 6-1 职业病危害因素按来源分类表

类别		具体内容
生产过程中接触的危害因素	化学因素	◆ 有毒物质，如铅、汞、锰、镉、磷等金属或非金属 ◆ 刺激性气体，如氨、氯、二氧化硫、二氧化氮、光气等 ◆ 窒息性毒物，如一氧化碳、硫化氢、二氧化碳和氰化物等

续表

类别		具体内容
生产过程中接触的危害因素	化学因素	◆ 有机溶剂，如醇类、酯类、氯烃、芳香烃等 ◆ 高分子化合物及农药等 ◆ 生产性粉尘，如二氧化硅粉尘、石棉尘、煤尘、毛、羽、丝等
	物理因素	◆ 异常气象条件，如高温、高湿和低温等 ◆ 异常气压，如高气压、低气压等 ◆ 噪声、振动、超声波等 ◆ 非电离辐射，如紫外线、红外线、射频、微波、激光等 ◆ 电离辐射，如X射线等
	生物因素	◆ 细菌、寄生虫或病毒，如病原微生物、炭疽杆菌、布氏杆菌等 ◆ 医务人员接触含有病原微生物的病人体液 ◆ 致害动物，如接触带病菌的狗、猫等 ◆ 致害植物，如有毒的花草、使人过敏的花粉等
劳动过程中接触的危害因素	不合理制度	◆ 劳动时间过长、工休制度不健全或不合理等
	精神过度紧张	◆ 如在生产流水线上的装配作业人员精神过度紧张等
	劳动强度大或安排不合理	◆ 如超负荷加班加点、安排的作业与劳动者生理状况不适应等
	个别器官或系统过度紧张	◆ 如由于光线不足而引起的视力紧张等
	工具、设备不合理	◆ 长时间使用不合理的工具、设备等
作业环境中的危害因素	自然环境中的因素	◆ 如炎热季节的太阳辐射、寒冷季节的低温等
	生产场所设计不合理	◆ 如厂房矮小、狭窄，车间布置不合理等
	生产过程不合理或管理不当	◆ 环境污染，作业环境的卫生条件不符合国家卫生标准
	缺少必要的卫生设施	◆ 如没有通风换气或净化烟尘、污水的设施等
	安全用品配置有缺陷	◆ 不配备应有的安全用品、使用已淘汰的安全用品等

（2）按职业病危害因素性质分类

职业病危害因素按其性质可分为3类，见表6-2。

表 6-2　职业病危害因素按性质分类表

类别	具体内容
环境因素	★ 物理因素（如异常气象条件、异常气压、噪声、振动、电离辐射等） ★ 化学因素（如生产性毒物） ★ 生物因素（如炭疽杆菌、霉菌、布氏杆菌、病毒等）
与职业有关的其他因素	★ 不适合的生产布局 ★ 不适合的劳动制度等
其他因素	★ 与劳动过程有关的劳动者生理、心理方面的因素等

2. 职业危害评价

职业危害评价是依据国家有关法律、法规和职业卫生标准，对生产经营单位生产过程中产生的职业危害因素进行接触评价，对生产经营单位采取的预防控制措施进行效果评价，同时也为作业场所职业卫生监督管理提供技术数据。

依据职业卫生有关采样、测定等法规标准的要求，在作业现场采集样品后直接测量或测定分析，对照国家职业危害因素接触限值有关标准要求，是评价作业环境中存在的职业性危害因素的基本方式。通过职业危害因素评价，可以判定职业危害因素的性质、分布、产生的原因和程度，也可以评价作业场所职业危害控制效果。

国家职业卫生有关法规标准对作业场所职业危害因素的采样和测定都有明确的规定。职业危害因素采样、测定必须按计划实施，由专人负责，进行记录，并纳入已建立的职业卫生档案。

（1）职业危害因素采样

对工作场所存在的粉尘和化学毒物的采样来说，根据其采样方式的不同又可以分为定点采样和个体采样两种类型，如图 6-1 所示。

（2）职业危害因素测定分析

对于多数物理性职业危害因素，在现场检测时可以借助测定设备直接进行读数，而对于作业场所空气中存在的粉尘、化学物质等有害因素，在作业场所采样后，还需作进一步的分析测定。

图 6-1 采样的两种类型

（3）职业危害因素接触限值

职业危害因素接触限值是指劳动者在职业活动过程中长期反复接触，对绝大多数接触者的健康不引起有害作用的容许接触水平。职业危害因素接触限值的标准可参照《工作场所有害因素职业接触限值》相关规定。

1）化学有害因素的职业接触限值

化学有害因素的职业接触限值包括时间加权平均容许浓度、短时间接触容许浓度和最高容许浓度3类，见表6-3。

表6-3 化学有害因素的职业接触限值

分类	具体内容
时间加权平均容许浓度（PC-TWA）	以时间为权数规定的8 h工作日、40 h工作周的平均容许接触浓度
短时间接触容许浓度（PC-STEL）	在遵守PC-TWA前提下容许短时间（15 min）接触的浓度
最高容许浓度（MAC）	工作地点在一个工作日内，任何时间有毒化学物质均不应超过的浓度
超限倍数	对未制定PC-STEL的化学有害因素，在符合8 h时间加权平均容许浓度的情况下，任何一次短时间（15 min）接触的浓度均不应超过的PC-TWA的倍数值

在符合 PC-TWA 的前提下，粉尘的超限倍数是 PC-TWA 的 2 倍，化学物质的超限倍数见表 6-4。

表 6-4　化学物质超限倍数与 PC-TWA 的关系

PC-TWA（mg/m^3）	最大超限倍数
PC-TWA<1	3
1 ≤ PC-TWA<10	2.5
10 ≤ PC-TWA<100	2.0
PC-TWA ≥ 100	1.5

2）物理有害因素的职业接触限值

物理有害因素有很多，紫外辐射是其中一项。紫外辐射又称紫外线，指波长为 100 ~ 400 nm 的电磁辐射。8 h 工作场所紫外辐射职业接触限值见表 6-5。

表 6-5　工作场所紫外辐射职业接触限值

紫外光谱分类	8 h 职业接触限值	
	辐照度（μW/cm^2）	照射量（mJ/cm^2）
中波紫外线（280 ~ 315 nm）	0.26	3.7
短波紫外线（100 ~ 280 nm）	0.13	1.8
电焊弧光	0.24	3.5

6.2　常见职业病种类

《职业病分类和目录》将职业病分为 10 大类 132 种，职业病种类见表 6-6。

表6-6 职业病分类表

职业病分类	职业病种类
一、职业性尘肺病及其他呼吸系统疾病	（一）尘肺病 1. 矽肺；2. 煤工尘肺；3. 石墨尘肺；4. 碳黑尘肺；5. 石棉肺；6. 滑石尘肺；7. 水泥尘肺；8. 云母尘肺；9. 陶工尘肺；10. 铝尘肺；11. 电焊工尘肺；12. 铸工尘肺；13. 根据《尘肺病诊断标准》和《尘肺病理诊断标准》可以诊断的其他尘肺 （二）其他呼吸系统疾病 1. 过敏性肺炎；2. 棉尘病；3. 哮喘；4. 金属及其化合物粉尘肺沉着病（锡、铁、锑、钡及其化合物等）；5. 刺激性化学物所致慢性阻塞性肺疾病；6. 硬金属肺病
二、职业性放射性疾病	1. 外照射急性放射病；2. 外照射亚急性放射病；3. 外照射慢性放射病；4. 内照射放射病；5. 放射性皮肤疾病；6. 放射性肿瘤（含矿工高氡暴露所致肺癌）；7. 放射性骨损伤；8. 放射性甲状腺疾病；9. 放射性性腺疾病；10. 放射复合伤；11. 根据《职业性放射性疾病诊断标准（总则）》可以诊断的其他放射性损伤
三、职业性化学中毒	1. 铅及其化合物中毒（不包括四乙基铅）；2. 汞及其化合物中毒；3. 锰及其化合物中毒；4. 镉及其化合物中毒；5. 铍病；6. 铊及其化合物中毒；7. 钡及其化合物中毒；8. 钒及其化合物中毒；9. 磷及其化合物中毒；10. 砷及其化合物中毒；11. 铀中毒；12. 砷化氢中毒；13. 氯气中毒；14. 二氧化硫中毒；15. 光气中毒；16. 氨中毒；17. 偏二甲基肼中毒；18. 氮氧化合物中毒；19. 一氧化碳中毒；20. 二硫化碳中毒；21. 硫化氢中毒；22. 磷化氢、磷化锌、磷化铝中毒；23. 氟及其无机化合物中毒；24. 氰及腈类化合物中毒；25. 四乙基铅中毒；26. 有机锡中毒；27. 羰基镍中毒；28. 苯中毒；29. 甲苯中毒；30. 二甲苯中毒；31. 正己烷中毒；32. 汽油中毒；33. 一甲胺中毒；34. 有机氟聚合物单体及其热裂解物中毒；35. 二氯乙烷中毒；36. 四氯化碳中毒；37. 氯乙烯中毒；38. 三氯乙烯中毒；39. 氯丙烯中毒；40. 氯丁二烯中毒；41. 苯的氨基及硝基化合物（不包括三硝基甲苯）中毒；42. 三硝基甲苯中毒；43. 甲醇中毒；44. 酚中毒；45. 五氯酚（钠）中毒；46. 甲醛中毒；47. 硫酸二甲酯中毒；48. 丙烯酰胺中毒；49. 二甲基甲酰胺中毒；50. 有机磷中毒；51. 氨基甲酸酯类中毒；52. 杀虫脒中毒；53. 溴甲烷中毒；54. 拟除虫菊酯类中毒；55. 铟及其化合物中毒；56. 溴丙烷中毒；57. 碘甲烷中毒；58. 氯乙酸中毒；59. 环氧乙烷中毒；60. 上述条目未提及的与职业有害因素接触之间存在直接因果联系的其他化学中毒

续表

职业病分类	职业病种类
四、物理因素所致职业病	1. 中暑；2. 减压病；3. 高原病；4. 航空病；5. 手臂振动病；6. 激光所致眼（角膜、晶状体、视网膜）损伤；7. 冻伤
五、职业性传染病	1. 炭疽；2. 森林脑炎；3. 布鲁氏菌病；4. 艾滋病（限于医疗卫生人员及人民警察）；5. 莱姆病
六、职业性皮肤病	1. 接触性皮炎；2. 光接触性皮炎；3. 电光性皮炎；4. 黑变病；5. 痤疮；6. 溃疡；7. 化学性皮肤灼伤；8. 白斑；9. 根据《职业性皮肤病诊断标准（总则）》可以诊断的其他职业性皮肤病
七、职业性眼病	1. 化学性眼部灼伤；2. 电光性眼炎；3. 白内障（含放射性白内障、三硝基甲苯白内障）
八、职业性耳鼻喉口腔疾病	1. 噪声聋；2. 铬鼻病；3. 牙酸蚀病；4. 爆震聋
九、职业性肿瘤	1. 石棉所致肺癌、间皮瘤；2. 联苯胺所致膀胱癌；3. 苯所致白血病；4. 氯甲醚、双氯甲醚所致肺癌；5. 砷及其化合物所致肺癌、皮肤癌；6. 氯乙烯所致肝血管肉瘤；7. 焦炉逸散物所致肺癌；8. 六价铬化合物所致肺癌；9. 毛沸石所致肺癌、胸膜间皮瘤；10. 煤焦油、煤焦油沥青、石油沥青所致皮肤癌；11. β-萘胺所致膀胱癌
十、其他职业病	1. 金属烟热；2. 滑囊炎（限于井下工人）；3. 股静脉血栓综合征、股动脉闭塞症或淋巴管闭塞症（限于刮研作业人员）

6.3 职业病的防护

1. 毒物防护

生产性毒物是指在生产过程中产生的，存在于工作环境空气中的毒物。生产性毒物的种类繁多，影响面大，职业中毒约占职业病总数的一半。预防职业性毒物必须采取综合性的防护措施，见表6-7。

表6-7 生产性毒物防护措施表

毒物防护措施		具体说明
组织管理措施		重视预防职业中毒工作,在工作中应认真贯彻执行国家有关预防职业中毒的法规和政策,结合企业内部接触毒物的性质,制定预防措施及安全操作规程,并建立相应的组织领导机构
消除毒物		通过科学技术和工艺改革,使用无毒或低毒物质代替有毒或高毒物质
降低毒物浓度	改革工艺	1. 尽量采用先进技术和工艺过程,避免开放式生产,消除毒物逸散的条件 2. 采用远距离程序控制,最大限度地减少员工接触毒物的机会
	通风排毒	1. 应用局部抽风式通风装置将产生的毒物尽快收集起来,防止毒物逸散 2. 常用的装置有通风柜、排气罩、槽边吸气罩等,排出的毒物要经过净化装置,回收利用或净化处理后排空
	合理布局	1. 生产工序的布局,不仅要满足生产的需要,而且要考虑卫生要求 2. 有毒的作业应与无毒的作业分开,危害大的毒物要有隔离设施及防范手段
	安全管理	1. 对生产设备要加强维修和管理,防止跑、冒、滴、漏污染环境 2. 定期监测作业场所空气中毒物浓度,将其控制在最高容许浓度以下
	个人防护	1. 做好个人防护与个人卫生。除普通工作服外,还需对特殊作业的作业人员提供特殊质地的防护服。如接触强碱、强酸应有耐酸耐碱的工作服,对某些毒物作业要有防毒口罩与防毒面具等 2. 为保持良好的个人卫生状况,减少毒物作用机会,应设置盥洗设备、沐浴室及存衣室,配备个人专用更衣箱等
其他	增强体质	1. 合理实施有毒作业保健待遇制度,因地制宜地开展体育锻炼 2. 注意安排夜班员工休息,组织员工进行有益身心的业余活动,以及做好季节性多发病的预防等
	健康检查	1. 实施就业前健康检查,排除职业禁忌证者参与接触毒物的作业 2. 坚持定期健康检查,及时发现员工健康问题并妥善处理

2. 粉尘防护

生产性粉尘是指在生产中形成的,并能长时间飘浮在空气中的固体微粒,如矽尘、煤尘、石棉尘、电焊烟尘等。生产性粉尘根据其理化特性和作用特点不同，对机体的损害也不同，可引起不同疾病。因此，应采取有效的防护措施控制，见表 6-8。

表 6-8　生产性粉尘防护措施表

防护措施		具体说明
组织措施		1. 加强组织领导是做好防尘工作的关键。粉尘作业较多的厂矿领导要有专人分管防尘事宜，建立和健全防尘机构，制订防尘工作计划和必要的规章制度，切实贯彻综合防尘措施，建立粉尘监测制度 2. 大型厂矿应有专职测尘人员；医务人员应对测尘工作提出要求，定期检查并指导；做到定时定点测尘，评价劳动条件改善情况和技术措施的效果 3. 做好防尘宣传工作，从领导到员工，让大家都能了解粉尘的危害，根据自己的职责和义务做好防尘工作
技术措施	改革工艺过程	1. 应从生产工艺设计、设备选择等各个环节做好防尘工作，革新生产设备是消除粉尘危害的根本途径 2. 采用封闭式风力管道运输、负压吸砂等消除飞扬的粉尘，用无矽物质代替石英、以铁丸喷砂代替石英喷砂等
	湿式作业	1. 湿式作业是一种经济易行的防止粉尘飞扬的有效措施 2. 矿山的湿式凿岩、冲刷巷道、净化进风等，石英、矿石等的湿式粉碎或喷雾洒水，玻璃陶瓷业的湿式拌料，铸造业的湿砂造型、湿式开箱清砂、化学清砂等
	密闭、吸风、除尘	1. 对不能采取湿式作业的产尘岗位，应采用密闭、吸风、除尘方法 2. 凡是能产生粉尘的设备均应尽可能密闭，并用局部机械吸风，使密闭设备内保持一定的负压，防止粉尘外逸 3. 抽出的含尘空气必须经过除尘净化处理，才能排出，避免污染大气
卫生保健措施	个人防护和个人卫生	1. 对受到条件限制粉尘浓度达不到允许浓度标准的作业应佩戴合适的防尘口罩 2. 开展体育锻炼，注意营养，还应注意个人卫生习惯，如不吸烟 3. 遵守防尘操作规程，严格执行未佩戴防尘口罩不上岗操作的制度
	就业前及定期体检	1. 对新从事粉尘作业的员工，必须进行健康检查，及时发现粉尘作业就业禁忌证者 2. 定期体检，发现员工有不宜从事粉尘作业疾病时，及时调离岗位

3. 物理有害因素防护

生产作业场所物理有害因素主要包括高温、高气压、振动、噪声、紫外线、红外线、电磁辐射等。物理有害因素的防治主要是加强个人防护和采用合理的工艺及设备。具体的防护措施见表6-9。

表6-9 物理有害因素的防护措施表

物理有害因素	具体措施
高温	1. 合理设计工艺流程，远离热源，利用热压差自然通风，切断污染途径 2. 隔热、通风降温、使用空调等 3. 合理安排作息时间，加强机体热适应训练，饮用清凉饮料和使用高温防护服、防护帽
振动	1. 在厂房设计与机械安装时要采用减振、防振措施 2. 对手持振动工具的质量、频率、振幅等应进行必要的限制；工作中应适当安排工间休息，实行轮换作业，间歇使用振动工具 3. 使用振动工具时应采用防振动手套，或者在振动工具外加防振垫
噪声	1. 长期在超过86 dB（A）作业环境下作业时应加强对作业人员听觉器官的防护，如正确佩戴防噪声耳塞、耳罩和防噪声帽等 2. 采用无噪声或低噪声的工艺或加工方法，选用低噪声的设备，加强对设备的经常性维护 3. 降低设备运行负荷，使用消声器、隔振降噪等工艺措施
紫外线	1. 电焊作业人员作业时应佩戴好防护面罩。如室内同时有几部焊机工作时，最好中间设立隔离屏障，以免相互影响 2. 车间墙壁上可以涂刷锌白、铬黄等颜色以吸收紫外线。尽量不要在室外进行电焊作业，以免影响他人
电磁辐射	1. 在作业场所强磁场源周围设置栅栏或屏障，用铜丝网隔离，一定要接地，这有助于阻止未经许可的人员进入场强超过国家暴露限值的区域 2. 在屏蔽辐射源有困难时，可采用自动或半自动的远距离操作 3. 工作地点应置于辐射强度小的部位，避免在辐射流的正前方工作 4. 工作中要加强对作业场所电磁场环境的监测，明确电场、磁场的实际水平

即学即用

1. 你的工作可能有哪些患职业病的隐患？

2. 结合你的工作岗位，谈谈如何预防职业病，保障你的身体健康。

第 7 章 应急处置与应急救援

7.1 事故现场应急处置的基本原则与步骤

7.1.1 事故现场应急处置的基本原则

事故发生后,有的事故可能会再生或继续发生,为此事故现场管理人员应当做好充分准备。救援指挥人员应当具有应对紧急情况的能力和较为丰富的指挥经验,做到科学果断,临危不乱,调动一切力量控制事故、灾情扩大或蔓延。事故现场应急处置的基本原则是:

1. 遇到伤害事故发生时,不要惊慌失措,要保持镇静,并设法维持好现场秩序。

2. 在周围环境不危及生命的条件下,一般不要随便搬动伤员。

3. 暂不要给伤员喝任何饮料与进食。

4. 如发生意外而现场无人时,应向周围大声呼救,请求来人帮助或设法联系有关部门,不要单独留下伤员无人照管。

5. 遇到严重事故、灾害时,除急救呼叫外,还应立即向当地政府安全生产主管部门报告,报告现场在什么地方、伤员有多少、伤情如何、做过什么处理等。

6. 伤员较多时,根据伤情对伤员分类抢救,处理原则是先重后轻、先急后缓、先近后远。

7. 对呼吸困难、窒息和心跳停止的伤员，立即将伤员头部置于后仰位，托起下颌，使呼吸道通畅，同时施行人工呼吸、胸外心脏按压等复苏操作，原地抢救。

8. 对伤情稳定、估计转运途中不会加重伤情的伤员，迅速组织人力，利用各种交通工具分别转运到附近的医疗机构进行急救。

9. 现场抢救的一切行动必须服从有关领导的统一指挥，不可各自为政。

现场急救的关键在于"及时"，人员受伤害后，2 min 内进行急救的成功率可达 70%，4~5 min 进行急救的成功率可达 43%，15 min 以后进行急救的成功率则较低。据统计，现场创伤急救做得好，可减少 20% 伤员的死亡。

7.1.2 事故现场应急处置步骤

1. 当发生事故后，迅速将伤者脱离危险区。若是触电事故，必须先切断电源；若为机械设备事故，必须先停止机械设备运转。

2. 初步检查伤员，判断其神志、呼吸是否有问题，视情况采取有效的止血、防止休克、包扎伤口、固定、保存好断离的器官或组织、预防感染、止痛等措施。

3. 施救的同时请人呼叫救护车，并继续施救直到救护人员到达现场为止。

4. 迅速上报上级有关领导和部门，以便采取更有效的救护措施。

7.2 常见事故现场应急处置

7.2.1 火场逃生

火场逃生应做到以下 5 点。

1. 立即离开危险地区

初起火灾，只要迅速撤离，是可以安全逃生的。一旦在火场上发现或意识到自己可能被烟火围困，生命受到威胁时，要立即放下手中的工作，争分夺秒，设法脱险，切不可延误逃生良机。在逃生的过程中如看见前面的人倒下，应立即扶起；在人员拥挤时，应给予疏导或选择其他方法。

脱险时，应尽量观察，判明火势情况，明确自己所处环境的危险程度，以便采取相应的逃生措施。日常要参加必要的逃生训练和演练，学会确定逃生出口和逃生方法。

2. 选择简便、安全的通道和疏散设施

逃生路线的选择，应根据火势情况，优先选择最简便、最安全的通道和疏散设施。如楼房着火时，首先选择安全疏散楼梯、室外疏散楼梯、普通楼梯、消防电梯等。尤其是防烟楼梯、室外疏散楼梯更安全可靠，在火灾逃生时，应充用利用。也可借助救生袋、救生网、逃生气垫等逃生。

如果以上通道被烟火封锁，又无其他器材逃生时，可考虑利用建筑的阳台、窗口、屋顶、落水管、避雷线等脱险。但应注意查看落水管、避雷线是否牢固，防止人体攀附上以后断裂脱落造成伤亡。

3. 准备简易防护器材

逃生人员多数要经过充满烟雾的路线，才能离开危险区域。如果浓烟呛得人透不过气来，可用湿毛巾、湿口罩捂住口鼻，无水时干毛巾、干口罩也可以。在穿过烟雾区时，除用毛巾、口罩捂住口鼻，还应将身体尽量贴近地面或爬行穿过险区。

如果门窗、通道、楼梯等已被烟火封锁，冲出险区有危险时，可向头部、身上浇些冷水或用湿毛巾等将头部包好，用湿棉被、湿毯子将身体裹好或穿上阻燃的衣服，再冲出险区。

4. 自制简易救生绳索

当各通道全部被烟火封死时，应保持镇静。可利用各种结实的绳索，如无绳索，可用被褥、衣服、床单，或结实的窗帘等撕成条，拧好成绳，拴在牢固的窗框、床架或其他室内的牢固物体上，然后沿绳索缓慢下滑到地面或下层的楼层内而顺利逃生（3楼以上慎用）。

人们处在火灾中，生命危在旦夕，不到最后一刻，不要放弃生命。若被火困

在二楼，无条件自救并得不到救助，在烟火威胁、万不得已的情况下，也可以跳楼逃生。

5. 暂时避难法

选择走廊的末端、卫生间等地，关紧迎火的门窗，打开背火的门窗，淋湿房间内一切可燃物。

7.2.2 触电事故现场应急处置

触电急救的要点是动作迅速，救护得法，切不可惊慌失措，束手无策。人触电以后，可能出现昏迷不省人事，甚至停止呼吸、心跳等状况。这不应当认为是死亡，而应当看作是假死，并正确、迅速而持久地进行抢救。根据统计，触电一分钟后开始救治者 90% 有良好效果；6 分钟后开始救治者，10% 有良好效果，而从 12 分钟后开始救治者，救活的可能性就很低了。由此可知，动作迅速是非常关键的，要贯彻"迅速、就地、正确、坚持"的触电急救八字方针。

发现有人触电，首先要尽快使触电者脱离电源，然后根据触电者的具体症状进行对症施救。使触电者脱离电源的方法一般有两种：一是立即断开触电者所触及的导体或设备的电源，二是设法使触电者脱离带电部分。

低压触电时，可采取以下脱离电源的措施，可用"拉""切""挑""拽""垫"五字来概括。

（1）"拉"：就近拉开电源开关，拔出插头。如果电源开关或插销在触电地点附近，应立即拉开开关或拔出插头。

（2）"切"：用绝缘完好的钢丝钳分相切断导线，如果触电地点远离电源开关，可使用有绝缘柄的电工钳或有干燥木柄的斧子等工具切断导线。

（3）"挑"：用干燥木棍挑开导线。如果导线搭落在触电者身上或者触电者的身体压住导线，可用干燥的衣服、手套、绳索、木板等绝缘物作为工具，拉开触电者或挑开导线。

（4）"拽"：单手拖拽触电者不贴身的衣服。如果触电者的衣服是干燥的，又没有紧缠在身上，则可拉着他的衣服后襟将其拖离带电部分；此时救护人不得用衣服蒙住触电者，不得直接拉触电者的脚和躯体以及接触周围的金属物品。如果救护人手中握有绝缘良好的工具，也可拽着触电者的双脚将其拖离带电部分。

（5）"垫"：触电者如果导线缠身，或手指痉挛紧握导线，则用干燥木板塞进触电者身下，使其与大地绝缘，然后再采取办法切断电源线。如果触电者躺在地上，可用木板等绝缘物插入触电者身下，以隔断电流。救护人应站在木板或绝缘垫上操作。

高压触电时，可采用以下方法来使触电者脱离电源。

（1）立即通知有关部门停电。

（2）戴上绝缘手套，穿好绝缘靴，使用相应电压等级的绝缘工具按顺序拉开电源开关。

（3）使用绝缘工具切断导线。

（4）在架空线路上不能采用上述方法时，可用抛挂接地线的方法，使线路短路跳闸。在抛挂接地线之前，应先把接地线一端可靠接地，然后把另一端抛到带电的导线上，此时抛掷的一端不得触及触电者和其他人（此法慎用）。

触电者若未失去知觉，应让触电者在比较干燥、通风、暖和的地方静卧休息，并派人严密观察。同时请医生前来或送往医院救治。

触电者若已失去知觉但尚有心跳和呼吸，应使其舒适地躺卧着，解开衣服以利呼吸；四周不要围人，保持空气流通；低温时应注意保暖，同时立即请医生前来或送医院救治。若发现触电者呼吸困难或心跳失常，应立即施行人工呼吸及胸外心脏按压。应当注意，急救要尽快地、不失时机地进行，不能等候医生到来才施救，在送往医院途中，也不能终止急救。

如果触电者伤势不重，神志清醒，但有些心慌、四肢发麻、全身无力，或者触电者曾一度昏迷但已经清醒过来，这时应使触电者安静休息，不要走动，严密观察并请医生前来诊治或送往医院。

【案例分析】

20××年×月×日16时10分，某轧钢厂中型车间轧钢工张某接班后去轧机二架后焊轧槽，施焊时，触电倒在辊道上。轧钢工刘某发现后，立即跑到二架前拉闸断电。

现场工艺技术员谢某刚好赶到，见张某休克，立即进行人工胸外心脏按压，几分钟后张某缓过气来。看看张某没什么问题，工友们用木板把张某抬到车间门口，放在地面上。此时，张某又休克了，口张得很大，出不来气。

电工班长卢某正在配电室干活，得知有人触电，马上跑过来，看到大家准备送张某去医院，立即制止说："不能送！"卢某趴在地上，想给张某作拉压臂式人工呼吸，但张某的胳膊烫伤了，此法不行；用仰卧压胸法做人工呼吸又不见效果；施行口对口呼吸法，张某的嘴又张开得很大。情急之中，卢某把自己的嘴伸进张某的嘴内，捏住张某的鼻子一口一口吹气，吹到第7口气张某终于喘过气来。这时救护车也到了，张某保住了性命。

7.2.3 机械伤害现场应急处置

1. 遵循"先救命、后救肢"的原则，优先处理颅脑伤、胸伤、肝脾破裂等危及生命的内脏伤，然后处理肢体出血、骨折等。

2. 检查伤者呼吸道是否被舌头、分泌物或其他异物堵塞。

3. 如果呼吸已经停止，立即实施人工呼吸；如果脉搏不存在，心脏停跳动，立即进行心肺复苏；如果伤者出血，进行必要的止血及包扎。

4. 大多数伤员可以直接抬送医院，但对于颈部、背部严重受损者要慎重，以防止其进一步受伤。

5. 让伤者平卧并保持安静，如有呕吐，同时无颈部骨折时，应将其头部侧向一边以防止噎塞。

6. 动作轻缓地检查伤者，必要时剪开其衣服，避免突然挪动增加伤者痛苦。

7. 救护人员既要安慰伤者，自己也应尽量保持镇静，以消除伤者的恐惧。

8. 不要给昏迷或半昏迷者喝水，以防液体进入呼吸道而导致窒息，也不要用拍击或摇动的方式试图唤醒昏迷者。

7.2.4 化学危险品事故现场应急处置

1. 生产过程中若不慎将酸、碱或其他腐蚀性药品溅在身上（若眼睛受到伤害时，切勿用手揉搓），立即用大量的水进行冲洗，冲洗后用苏打（针对酸性物质）或硼酸（针对碱性物质）进行中和。然后视情况的轻重决定是否将其送入医院就医。

2. 当大量氯气或氨气泄漏，给周围环境造成严重污染，严重威胁人身安全时，应迅速戴上防毒面具撤离现场。氯气轻微中毒者口服复方樟脑酊解毒，并在胸部用冷湿敷法救护；中毒较重者应吸氧；严重者如已昏迷者，应立即做人工呼吸，并拨打120急救电话。

3. 中毒窒息事故现场应急处置

（1）切断（控制）中毒事故源。组织抢险人员切断突发中毒事故源，如关闭阀门、堵封漏洞等。

（2）控制污染区。通过检测确定污染区边界，做出明显标志，禁止人员和车辆进入，对周围交通实行管制。

（3）抢救中毒及受伤人员。将中毒人员撤离至安全区，进行抢救，送至医院紧急治疗。

（4）检测确定有毒有害物质的性质及危害程度，掌握毒物扩散情况。

（5）组织污染区人员防护或撤离。指导污染区人员进行自我防护，必要时组织群众撤离。

（6）根据有毒化学物质理化性质和受污染情况实施洗消。

（7）寻找并处理各处的动物尸体，防止腐烂污染环境。

7.2.5　燃气事故现场应急处置

1. 事故发生后立即通知应急救援小组，关闭燃气上下游阀门，切断气源。

2. 根据现场情况在安全区域拨打燃气报警电话，并划出警戒区域，禁止无关人员和车辆靠近现场，疏散周边人员、车辆，控制周边火源。

3. 派专人引导燃气公司抢险救援车辆到达现场，当抢险救援人员到达现场后，与抢险救援人员协商抢险方案。

4. 当现场可燃气体浓度达到安全范围内时，抢险人员根据现场实际情况，按方案实施抢险。

5. 抢险完毕后进行各项检测，确认无漏气后清理现场。

7.3 自救、互救与创伤急救的基本方法

7.3.1 自救

确保自身安全是指当现场发生灾难或受灾难的影响时，应采取的自救措施。事故现场人员进行自我安全救援时，需遵循以下行动原则，即灭、护、撤、躲、报的原则，如图 7-1 所示。

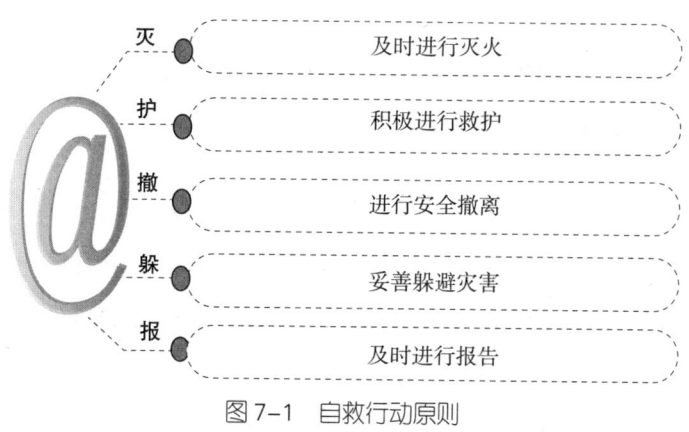

图 7-1 自救行动原则

7.3.2 互救

事故现场人员在确定自身的安全后，需了解周围人员的安全情况，在对方处于受伤状况时，需及时进行抢救，在抢救时需遵循"三先三后"原则，具体原则如下。

（1）对窒息或心跳骤停的伤病人员，要先复苏，后搬运。

（2）对出血的伤病人员，应先止血，后搬运。

（3）对骨折的伤病人员，应先固定，后搬运。

事故发生后，对伤病人员需遵循先救命后治伤原则进行紧急救援。对单个伤病人员进行救治时，应先开展其心、肺、脑的复苏，再进行伤痛的诊治。对多个

伤病人员进行救治时，应先对伤病人员的伤情进行判定，根据伤者病情以及轻重缓急情况，遵循先救命后治伤原则进行紧急救援。

7.3.3 创伤急救的基本方法

创伤急救的常用方法主要包括人工呼吸、心脏复苏、创伤包扎等。

1. 人工呼吸

人工呼吸适用于触电休克、溺水、有害气体中毒、窒息或外伤窒息等引起的呼吸停止、假死状态者。如果呼吸停止不久大都能通过人工呼吸把伤者抢救过来。

在施行人工呼吸前，先要将伤者运送到安全、通风良好的地点，将伤者领口解开，放松腰带；注意保持体温；腰背部要垫上软的衣服；清除口中脏物，把舌头拉出或压住，防止堵住喉咙，妨碍呼吸。

各种有效的人工呼吸必须在呼吸道畅通的前提下进行，常用的方法有口对口吹气法、仰卧压胸法和俯卧压背法3种。

（1）口对口吹气法

口对口吹气法是效果最好、操作最简单的一种方法。操作前使伤者仰卧，救护者在其头的一侧，一手托起伤者下颌，并尽量使其头部后仰，另一手将其鼻孔捏住，以免吹气时，从鼻孔漏气；救护者深吸一口气，紧对伤者的口将气吹入，使伤者吸气，如图7-2所示。然后，松开捏鼻的手，并用一手压其胸部以帮助伤者呼气。如此有节律地、均匀地反复进行，每分钟吹气14～16次。注意吹气时切勿过猛、过短，也不宜过长，以占一次呼吸周期的1/3为宜。

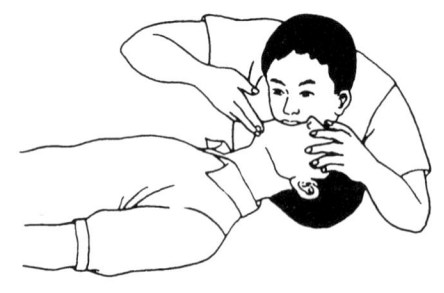

图7-2　口对口吹气人工呼吸法

（2）仰卧压胸法

让伤者仰卧，救护者跨跪在伤员大腿两侧，两手拇指向内，其余四指向外伸开，平放在其胸部两侧乳头之下，借半身重力压伤者胸部，挤出伤者肺内空气；然后，救护者身体后仰，除去压力，伤者胸部依其弹性自然扩张，使空气吸入肺内。如此有节律地进行，要求每分钟压胸16～20次，如图7-3所示。

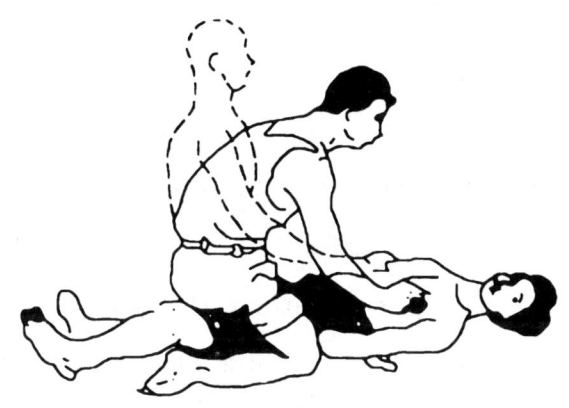

图 7-3 仰卧压胸人工呼吸法

此法不适用于有胸部外伤或 SO_2、NO_2 中毒者,也不能与胸外心脏按压同时进行。

(3)俯卧压背法

此法与仰卧压胸法操作大致相同,只是伤者俯卧,救护者跨跪在伤员大腿两侧,如图 7-4 所示。因为这种方法便于排出肺内水分,因而此法对溺水急救较为适合。

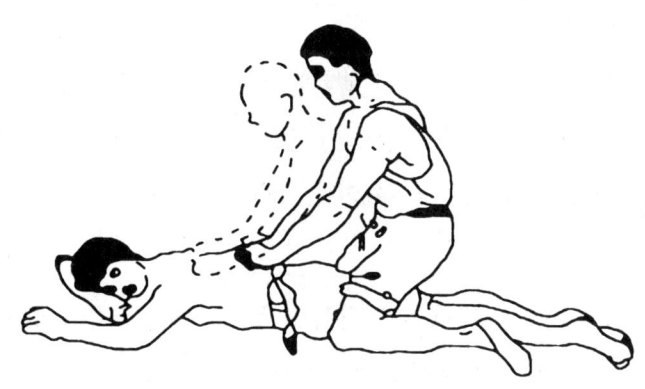

图 7-4 俯卧压背人工呼吸法

2. 心脏复苏

心脏复苏操作主要有心前区叩击术和胸外心脏按压术两种方法。

(1)心前区叩击术

心脏骤停后立即叩击心前区,叩击力中等,一般可连续叩击 3~5 次,并观察伤者脉搏、心音,若恢复则表示复苏成功;反之,应立即放弃,改用胸外心脏按压术。操作时，使伤者头低脚高，救护者以左手掌置其心前区，右手握拳，在左手背上轻叩。

（2）胸外心脏按压术

此法适用于各种原因造成的心跳骤停者。在胸外心脏按压前，应先作心前区叩击术，如果叩击无效，应及时正确地进行胸外心脏按压，其操作方法如下：

首先将伤者仰卧木板上或地上，解开其上衣和腰带，脱掉其鞋子。救护者位于伤员左侧，手掌面与前臂垂直，一手掌面压在另一手掌上，使双手重叠，置于伤者胸骨1/3处（其下方为心脏），如图7-5所示，以双肘和臂肩之力有节奏地、冲击式地向脊柱方向用力按压，使胸骨压下5~6 cm（有胸骨下陷的感觉就可以了）；按压后，迅速抬手使胸骨复位，以利于心脏的舒张。按压以每分钟100~120次为宜，按压过快，心脏舒张不够充分，心室内血液不能完全充盈；按压过慢，动脉压力低，效果也不好。

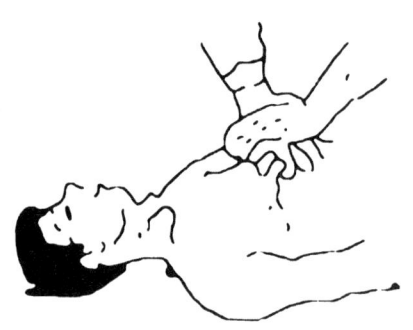

图7-5 胸外心脏按压

使用此法时的注意事项如下：

1）按压的力量应因人而异，对身强力壮的伤者，按压力量可大些；对年老体弱的伤者，力量宜小些。按压的力量要稳健有力、均匀规则，重力应放在手掌根部，着力仅在胸骨处，切勿在心尖部按压，同时注意用力不能过猛，否则可致肋骨骨折、心包积血或引起气胸等。

2）胸外心脏按压与口对口吹气应同时施行，一般每按压心脏4次，做口对口吹气1次，如1人同时兼作此两种操作，则每按压心脏10~15次，较快地连续吹气2次。

3）按压显效时，可摸到伤者颈总动脉、股动脉搏动，散大的瞳孔开始缩小，口唇、皮肤转为红润。

3. 创伤包扎

包扎的目的：保护伤口和创面，减少感染，减轻痛苦；加压包扎有止血作用；用夹板固定骨折的肢体时需要包扎，以减少继发损伤，也便于送往医院。

包扎时使用的材料主要有绷带、三角巾、四头巾等。现场进行创伤包扎可就地取材,用毛巾、手帕、衣服撕成的布条等。包扎的方法如下:

(1) 布条包扎法

1) 环形包扎法。该法适用于头部、颈部、腕部及胸部、腹部等处。将布条做环行重叠缠绕肢体数圈后即成。

2) 螺旋包扎法。该法用于前臂、下肢和手指等部位的包扎。先用环形包扎法固定起始端,把布条渐渐地斜旋上缠或下缠,每圈压前圈的一半或 1/3,呈螺旋形,尾部在原位上缠 2 圈后予以固定。

3) 螺旋反折包扎法。该法多用于粗细不等的四肢包扎。开始先做螺旋形包扎,待到渐粗的地方,以一手拇指按住布条上面,另一手将布条自该点反折向下,并遮盖前圈的一半或 1/3。各圈反折须排列整齐,反折头不宜在伤口和骨头突出部分。

4) "8" 字包扎法。该法多用于关节处的包扎。先在关节中部环形包扎两圈,然后以关节为中心,从中心向两边缠,一圈向上,一圈向下,两圈在关节屈侧交叉,并压住前圈的 1/2。

(2) 毛巾包扎法

1) 头顶部包扎法。毛巾横盖于头顶部,包往前额,两前角拉向头后打结,两后角拉向下颌打结,如图 7-6 所示。或者是毛巾横盖于头顶部,包住前额,两前角拉向头后打结,然后两后角向前折叠,左右交叉绕到前额打结。如果毛巾太短可接带子,如图 7-7 所示。

图 7-6 头顶部毛巾包扎法一

图 7-7 头顶部毛巾包扎法二

2）面部包扎法。将毛巾横置，盖住面部，向后拉紧毛巾的两端，在耳后将两端的上下角交叉后分别打结，眼、鼻、嘴处剪洞。

3）下颌包扎法。将毛巾纵向折叠成四指宽的条状，在一端扎一小带，毛巾中间部分包住下颌，两端上提，小带经头顶部在另一侧耳前与毛巾交叉，然后小带绕前额及枕部与毛巾另一端打结。

4）肩部包扎法。单肩包扎时，毛巾斜折放在伤侧肩部，腰边穿带子在上臂固定，叠角向上折，一角盖住肩的前部，从胸前拉向对侧腋下，另一角向上包住肩部，从后背拉向对侧腋下打结。

5）胸部包扎法。全胸包扎时，毛巾对折，腰边中间穿带子，由胸部围绕到背后打结固定。胸前的两片毛巾折成三角形，分别将角上提至肩部，包住双侧胸，两角带过肩到背后与横带相遇打结。背部包扎与胸部包扎法相同。

6）腹部包扎法。将毛巾斜对折，中间穿小带，小带的两部拉向后方，在腰部打结，使毛巾盖住腹部。将上、下两片毛巾的前角各扎一小带，分别绕过大腿根部与毛巾的后角在大腿外侧打结。臀部包扎与腹部包扎法相同。

包扎时应注意以下事项：

1）包扎时，应做到动作迅速敏捷，不可触碰伤口，以免引起出血、疼痛和感染。

2）不能用井下的污水冲洗伤口。伤口表面的异物（如煤块、矸石等）应去除，但深部异物需运至医院取出，防止重复感染。

3）包扎动作要轻柔、松紧度要适宜，不可过松或过紧，达到止血目的为宜，结头不要打在伤口上，应使伤者体位舒适，绷扎部位应维持在功能位置。

4）包扎范围应超出伤口边缘 5 ～ 10 cm。

⎯⎯|即学即用|⎯⎯

1. 事故现场应急处置的基本原则是什么？

2. 假设你所在工作岗位发生安全事故，你首先会做什么？企业所规定的正确做法是什么？

3. 人工呼吸的操作步骤和注意事项分别是什么？